BEI GRIN MACHT SICH IHR WISSEN BEZAHLT

- Wir veröffentlichen Ihre Hausarbeit, Bachelor- und Masterarbeit

- Ihr eigenes eBook und Buch - weltweit in allen wichtigen Shops

- Verdienen Sie an jedem Verkauf

Jetzt bei www.GRIN.com hochladen und kostenlos publizieren

Bibliografische Information der Deutschen Nationalbibliothek:

Die Deutsche Bibliothek verzeichnet diese Publikation in der Deutschen National-
bibliografie; detaillierte bibliografische Daten sind im Internet über http://dnb.d-
nb.de/ abrufbar.

Impressum:

Copyright © 1991 GRIN Verlag, Open Publishing GmbH
Druck und Bindung: Books on Demand GmbH, Norderstedt Germany
ISBN: 978-3-656-59932-6

Oliver Krug

Adsorption von Tensiden an festen Grenzflächen

GRIN Verlag

Zur Untersuchung der Adsorption von Tensiden
an festen Grenzflächen

Diplomarbeit

an der Heinrich-Heine Universität Düsseldorf

vorgelegt von

Oliver Krug

Durchgeführt im Forschungszentrum Jülich

April 1991

für meine Eltern

An dieser Stelle möchte ich Herrn Prof. Dr. M. J. Schwuger für die interessante Aufgabenstellung und Betreuung der Arbeit danken.

Mein besonderer Dank gilt weiterhin Herrn Dr. C. G. B. Frischkorn und Herrn Dr. E. Koglin für ihre ständige Diskussionsbereitschaft und die zahlreichen Anregungen, die sie zu dieser Arbeit geliefert haben.

Inhaltsverzeichnis:

1. Einleitung

Tenside sind - als Seifen - seit Jahrtausenden bekannt und zählen
zu den quantitativ wichtigsten Erzeugnissen der chemischen Industrie. Die Gesamtproduktion in der Bundesrepublik Deutschland
betrug im Jahr 1989 686000t (1). Man unterscheidet zwischen kationischen, anionischen, nichtionischen und amphoteren Tensiden,
die ihren Eigenschaften entsprechend unterschiedlichste Verwendung
in Haushalt und Industrie finden. Gemein ist allen Tensidmolekülen, daß sie aus einem lipophilen und einem hydrophilen Teil -
letzterer bestimmt die Zugehörigkeit zur entsprechenden Tensidklasse - aufgebaut sind, was ihre Oberflächenaktivität erklärt.
In Tabelle 1 ist die Produktion in der Bundesrepublik Deutschland
1989 angegeben (1).

	Anionisch	Nicht-ionisch	Kat-ionisch	Amphoter	Summe
Produktion	292.000	350.000	36.000	8.000	686.000

Tab.1: Tensidproduktion 1989 in der Bundesrepublik Deutschland in
t (100% Aktivsubstanz) und Anteil der einzelnen Tensidklassen (1).

Die nichtionischen und anionischen Tenside sind überwiegend als
Wasch- und Reinigungsmittel in Gebrauch. In neuerer Zeit erlangen
die amphoteren Tenside eine gewisse Bedeutung, die aber aufgrund
der hohen Kosten auf den pharmazeutischen Anwendungsbereich beschränkt ist. Kationentensiden kommt überwiegend als Avivage-
mitteln in der Textilindustrie sowie aufgrund ihrer bakteriziden
Wirkung in der Medizin besondere Bedeutung zu.
Trotz intensiver Bemühungen der Grenzflächenforschung sind die
Vorgänge der Adsorption von Tensiden an Fest/Flüssig-Grenzflächen
sowie die Geometrie des adsorbierten Tensids auf der Oberfläche
umstritten. In der wissenschaftlichen Diskussion werden über-

wiegend die unten dargestellten Ergebnisse und Interpretationen angeführt.

Variation der Kettenlänge einer gradkettigen hydrophoben Gruppe führt zu keiner signifikanten Veränderung der Zahl adsorbierter Moleküle (2), da sich der Raumbedarf eines senkrecht zur Oberfläche adsorbierten Moleküls nicht mit der Kettenlänge verändert. Vielmehr wird die Zahl adsorbierter Moleküle durch den Flächenbedarf der hydrophilen Gruppe bestimmt, so daß mit zunehmendem Flächenbedarf der hydrophilen Gruppe die Zahl adsorbierter Moleküle abnimmt. Ist die Anordnung auf der Oberfläche überwiegend von senkrechter Geometrie oder leicht geneigt, jedoch nicht dicht gepackt, kann aufgrund stärkerer van der Waalsscher Wechselwirkungen die Zahl adsorbierter Moleküle mit zunehmender Kettenlänge zunehmen (3). Wird eine raumbeanspruchende hydrophile Gruppe etwa in der Mitte einer geraden Alkylkette positioniert, kommt es zu einer Abnahme der Anzahl adsorbierter Moleküle verglichen mit der Belegungszahl des Tensids mit endständiger hydrophober Gruppe (4). Eine parallele Orientierung zur Oberfläche wird nur angenommen, wenn sich zwei hydrophile Gruppen an den Enden der hydrophoben Kette befinden, deren Ladung zur Oberflächenladung entgegegesetzt ist, oder elektronenreiche Gruppen - z.B. Aromaten - mit positiv geladenen Oberflächen wechselwirken.
Die Adsorptionsisothermen geladener Tenside an unpolaren, hydrophoben Oberflächen sind vom Langmuir-Typ und zeigen eine Sättigung im Bereich der kritischen Mizellenkonzentration. Dabei ist das Molekül bei beginnender Adsorption parallel zur Oberfläche ausgerichtet. Mit zunehmender Oberflächenbelegung orientiert sich der hydrophile Teil mehr zur wässrigen Phase, so daß im Bereich der Sättigungskonzentration eine rechtwinklige Geometrie erreicht wird (Abb.1).

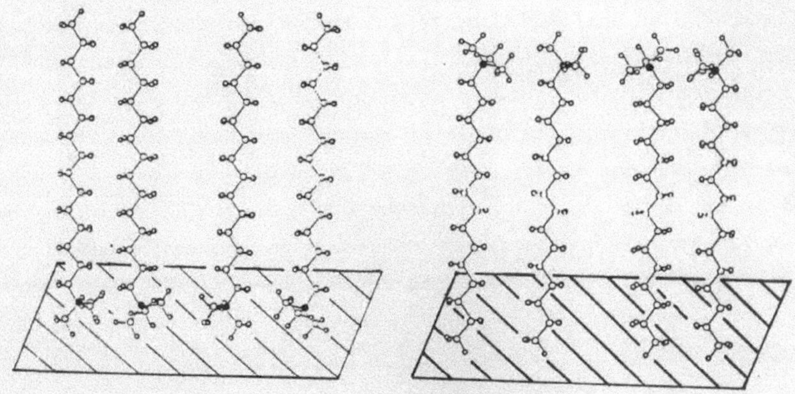

Abb.1: Rechtwinklinge Adsorptionsgeometrie bei Hexadecyltrimethylammoniumbromid

Zusammendfassend läßt sich sagen, daß bei Konzentrationen im Bereich der kritischen Mizellenkonzentration und darüber, geladene
Tenside unverzweigter Ketten eine rechtwinklige Geometrie auf der
Oberfläche einnehmen. Von den Oberflächeneigenschaften hängt es
ab, ob der hydrophile Teil des Moleküls zu der flüssigen oder der
festen Phase gerichtet ist.

SERS - Surface Enhanced Raman Scattering - ist eine spezielle
Methode der Ramanspektroskopie, die es erlaubt, Adsorptions-
vorgänge an Metallmikrostruktur-Oberflächen ausgwählter Elemente
- z.B. Kupfer, Silber, Gold - schwingungsspektroskopisch zu
verfolgen (5-8). Mit SERS werden Schwingungsspektren von Molekülen
nur dann erhalten, wenn die Moleküle an den Mikrokristalliten
(Durchmesser <100nm) zumindest physisorbiert sind. Die bisherigen
Untersuchungen mit SERS über die Adsorption von Tensiden an der
fest/flüssig Phasengrenze lassen sich wie folgt zusammenfassen:

Garof und Sandroff (9) spektroskopierten mit SERS an Silber-Inselfilmen adsorbiertes 1-Hexadecanthiol. Dabei stellten sie fest, daß an der Phasengrenze in Kontakt mit Luft oder nicht-benetzenden Flüssigkeiten, die Alkylkette die all-trans Konformation einnimmt, wie es auch im Feststoff der Fall ist. Kommt eine benetzende Flüssigkeit in Kontakt mit der 1-Hexadecanthiol Adsorptionsschicht so bleibt die trans-Konformation für die Moleküle erhalten, die sich direkt an der Grenzfläche befinden. Weiter entfernte Tenside beginnen jedoch die gauche Konformation einzunehmen, was die Autoren darauf zurückführen, daß im Gegensatz zu nicht benetzenden Flüssigkeiten benetzende die Adsorptionsschicht durchdringen.

Wiesner, Wokaun und Hoffmann (10) untersuchten u.a. die Adsorption von Hexadecyltrimethylammoniumbromid an Silber-Kolloiden. Diese Kolloide haben ein Zeta-Potential von -94mV, das sich bei Zugabe der Tensidlösung auf $\geq$ +100mV ändert. Diese Gruppe kam zu dem Ergebnis, daß das Tensidmolekül mit der Trimethylammoniumgruppe auf der Oberfläche adsorbiert ist und die hydrophobe Kette gegen die Lösung gerichtet ist. Dabei nehmen die ersten beiden benachbarten CH_2-Gruppen der Trimethylammoniumgruppe gauche Konformation ein.

An Silberelektroden wurde von Sun, Birke und Lombardi (11) mit SERS das Adsorptionsverhalten von Hexadecyltrimethylammoniumbromid, Hexadecylpyridiniumchlorid, Natriumdodecylsulfat, Polyoxyethylen(23)dodecanol, Brij-35 und Triton X-100 untersucht. Dabei nahm die Intensität der erhaltenen SERS-Signale von den kationischen über die nichtionischen zu den anionischen Tensiden ab. Daraus schlossen die Autoren, daß die Tensidklasse einen entscheidenden Einfluß auf die Wechselwirkungen mit der Oberfläche hat. Für Hexadecylpyridiniumchlorid wird ein signifikanter Unterschied zwischen den Lösungsspektren und den SERS-Spektren in den Intensitätsverhältnissen der Signale, die der Kopfgruppe zugeordnet werden können, mit denen der Alkylkette festgestellt. Hieraus wurde geschlossen, daß das Tensidmolekül mit der Kopfgruppe adsorbiert ist und die hydrophobe Alkylkette senkrecht zur Oberfläche orientiert ist. Außerdem wurde gefunden, daß die Intensität der dem hydrophoben Teil zuzuordnenden Signale bei negativeren Potentialen stark ansteigt. Daraus folgerten die Autoren, daß durch die beginnende Wasserstoffbelegung die Oberfläche hydrophobiert wird und somit die Adsorption der hydrophoben Kette erfolgen kann.

Dendramis, Schwinn und Sperline (12) untersuchten mit SERS die Adsorption von Hexadecyltrimethylammoniumbromid an Kupfer. Es wurde gefunden, daß die kritische Mizellenkonzentration keinen Einfluß auf das Adsorptionsverhalten hat. Außerdem kamen die Autoren zu dem Ergebnis, daß das Kationentensid an positiv geladenen Kupferoberflächen adsorbiert ist. Unter Berücksichtigung der SERS-Theorie, daß parallel zur Oberfläche orientierte Bindungen schwächer verstärkt werden als senkrecht orientierte, wurde aus den erhaltenen Spektren gefolgert, daß die hydrophobe Alkylkette überwiegend parallel zur Oberfläche orientiert ist. Die Autoren verweisen darauf, daß weitere Aussagen nur unter Verwendung deuterierter Verbindungen möglich sind, die ihnen nicht zur Verfügung standen.

Da die bisherigen Untersuchungsergebnisse aus der SERS-Spektroskopie über die Adsorption von Tensiden an der Phasengrenze flüssig/fest zu widersprüchlichen Ergebnissen geführt haben, soll in dieser Arbeit versucht werden, die Widersprüche zu klären, sowie zum grundsätzlichen Verständnis des Adsorptionsverhaltens einen Beitrag zu leisten.

2. Ramanspektroskopie

Werden Moleküle mit intensivem, monochromtischem Licht bestrahlt,
so beobachtet man neben der energiegleichen Rayleigh-Streuung
Strahlungsemmissionen höherer und geringerer Energie.
Dieser Effekt wurde von Smekal 1923 vorhergesagt und von Raman
erstmalig 1928 beobachtet.
Eine Möglichkeit der Ableitung ist nachfolgend dargestellt
(vgl. Lehrbücher der Physik):

Bei anisotropen Molekülen ist die Polarisierbarkeit α der
Elektronenhülle abhängig von den Kernkoordinaten. Wird die
Elektronenhülle durch ein elektromagnetisches Feld moduliert,
findet eine wechselseitige Verschiebung des Ladungsschwerpunktes
statt und es wird ein zeitabhängiges Dipolmoment induziert.

(α: Polarisierbarkeit, E: Feldstärke, v_0: Frequenz der
Erregerstrahlung, t: Zeit)

1) $\mu = \alpha E$

2) $E(t) = E_0 \cos(2\pi v_0 t)$

3) $\mu(t) = \alpha E_0 \cos(2\pi v_0 t)$

Diese Modulation führt zur Schwingungsanregung der Kerne, die
wiederum die Elektronenhülle moduliert, also der durch das induzierte Dipolmoment emittierten Strahlung (Rayleigh-Streuung) die
eigene Schwingungscharakteristik aufprägt.
Der Polarisierbarkeitststensor $\alpha = (\alpha_{ij})$; i, j= x, y, z des
Moleküls, das mit der Frequenz v_k mechanisch schwingt, setzt sich
zusammen aus einem unveränderten Anteil α_0 und einem Anteil, der
sich mit dieser Frequenz v_k ändert:

4) $\quad \alpha = \alpha_O + \dfrac{\delta\alpha}{\delta Q_k} \; A_k \cos(2\pi v_k t)$

ergibt eingesetz in 3.)

5) $\quad \mu(t) = \alpha_O \, E_O \cos 2\pi v_O t + \dfrac{\delta\alpha}{\delta Q_k} \; A_k E_O \cos(2\pi v_k t)\cos(2\pi v_O t)$

und nach Anwendung der trigonometrischen Additionstheoreme folgt für das induzierte Dipolmoment eines mit der Frequenz v_k schwingenden Moleküls das einem Strahlungsfeld der Frequenz v_O ausgesetzt ist:

6) $\quad \mu(t) = \alpha_O E_O \cos(2\pi v_O t) + \tfrac{1}{2} \; \dfrac{\delta\alpha}{\delta Q_k} \; A_k E_O \cos[(2\pi\cos(v_O - v_k)t$

$+ \cos(2\pi\cos(v_O + v_k)t]$

Die Emissionen höherer Frequenz $v_O + v_k$ werden als Anti-Stokes, die niederer Frequenz $v_O - v_k$ als Stokes-Linien bezeichnet. Die Intensität der Ramanlinien ist proportional dem Quadrat der Änderung der Polarisierbarkeit mit den Kernkoordinaten.

2.1 **SERS-Spektroskopie**

Fleischman et al. (13) entdeckten 1974, daß an Silberelektroden adsorbierte Pyridinmoleküle Ramanstreuung zeigen. Van Duyne, Creighton et al. (14, 15) konnten nachweisen, daß es sich bei der von Fleischmann beobachteten Ramanstreuung um eine Streuung größerer Intensität handelt, als dies nach der bisherigen Raman-Theorie zu erwarten wäre. In günstigen Fällen erreicht die be- obachtete Verstärkung dabei einen Faktor von 10^6.
Intensive Untersuchungen dieses Oberflächen-Raman-Effekts ergaben bis heute folgende allgemeine Erkenntnisse:

- SERS wurde bisher an Li, Na, K, Cu, Ag, Au, Cd, Hg, In, Ti,
  Co, Ni, Pd und Pt (Metalle mit hohem Lichtreflexionsvermögen
  im sichtbaren Spektralbereich) beobachtet (16)
- es liegen andere Auswahlregeln gegenüber der normalen
  Ramanspektroskopie vor (17, 18)
- die Spektren sind grundsätzlich depolarisiert,
- "SERS-aktive" Grenzflächen zeigen ein schwaches Kontinuum
  inelastischer Hintergrundstreuung (15),
- das SERS Signal stark ist abhängig von:
  der Oberflächenrauhigkeit (15)
  dem jeweiligen System Metall/Grenzfläche
  den experimentellen Bedingungen wie z.B. Temperatur, Konzentration,
  der Oberflächenladung
  co-adsorbierten An- und Kationen (Gegenionen)
  co-adsorbiertem Sauerstoff, der zur Löschung des
  Signals führt (19, 20).

Zur Erklärung der beobachteten Verstärkung haben sich in der
wissenschaftlichen Diskussion im wesentlichen zwei Modelle be-
haupten können:

1. Ein elektromagnetisches Modell, das von einer Verstärkung der
elektromagnetischen Feldstärke in Gegenwart kleiner (Teilchen-
durchmesser kleiner als die Wellenlänge des einfallenden Lichts,
und, bei Silber >300 Å, der freien Elektronenwegstrecke) elek-
trisch leitender Partikel elipsoider oder sphärischer Gestalt
ausgeht, und folgenden Formelausdruck liefert:

$$\frac{I_{Raman}}{I_{Anregung}} = N_{Ob} \frac{\delta \sigma}{\delta \Omega} L^2(w_i) L^2(w_s) \, \Omega \, T$$

Die Intensität der Ramanstreuung adsorbierter Moleküle auf der

Oberfläche ist abhängig von:

N_{Ob} , der Zahl adsorbierter Moleküle,

$$\frac{\delta \sigma}{\delta \Omega}$$, dem Ramanstreuquerschnitt,

Ω , dem Winkel zwischen der Oberfläche und dem detektierten Strahlenbündel,

T , ein Parameter der spezifischen Meßapparatur
$L^2(w_i)L^2(w_s)$, dem durchschnittlichen elektromagnetischen Verstärkungsfaktor unter Berücksichtigung der Anregungswellenlänge und der Ramanstreuung:

$$L^2(w_i) = \frac{|\ E_{out}(w_i)\ |^2}{|\ E_i(w_i)\ |^2} \quad und \quad L^2(w_s) = \frac{|\ E_{out}(w_s)\ |^2}{|\ E_i(w_s)\ |^2}$$

mit $E_i(w_i)$, der wellenlängenabhängigen einfallenden Anregungsfeldstärke,

$E_{out}(w_i)$, der verstärkten, emittierten Anregungsfeldstärke,

$E_i(w_s)$, der vom streuenden Molekül in den Partikel gelangenden Ramanemissionen,

$E_{out}(w_s)$, die vom Partikel emittierten, verstärkten Ramansignale der streuenden Verbindung.

Darüberhinaus gibt es eine Ableitung von Gersten und Nitzan (21), die die Entfernung des streuenden Moleküls von den Oberflächenelipsoiden berücksichtigt:

$G = I_R / I^O_R$, mit I^O_R , der Ramanintensität in Abwesenheit der Metalloberfläche.

$$G = \left|\ \frac{1 + (1-\epsilon)\beta_o Q'_1(\beta_1)/[\epsilon Q_1(\beta_o) - \beta_o Q'_1(\beta_o)]}{1 - \Gamma}\ \right|^4$$

mit den sphärischen Koordinaten β und τ, dem geometrischen
Parameter $f = (a^2 - b^2)^{\frac{1}{2}}$, (a,b Halbachsen des Elipsoiden) und
$\beta_0 = a/f$, $\beta_1 = (a+H)/f$, $\in$ beschreibt die dielektrischen
Eigenschaften des Metalls, Q_1 ist ist eine Legendre-Funktion
zweiter Art und Γ ist eine komplexe Größe, die überwiegend von H,
der Entfernung des Moleküls vom Elipsoiden, abhängt.
Mit abnehmender Entfernung H von der Oberfläche nimmt der
Verstärkungsfaktor G exponentiell zu. Dabei hat neben dem Abstand
von der Oberfläche das Achsenverhältnis der Sphäroide einen
entscheidenden Einfluß auf die Größe der Verstärkung (Abb.2):

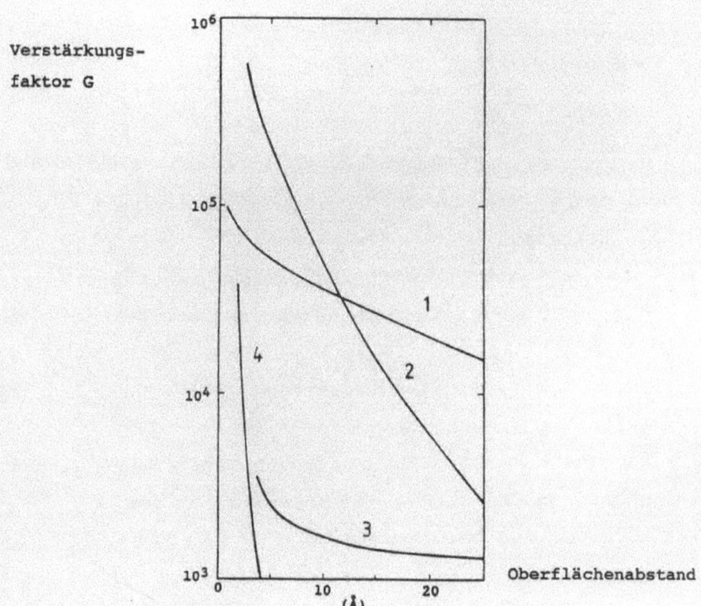

Abb.2: Theoretische Berechnung des Verstärkungsfaktors G als
Funktion der Entfernung Molekül-Oberfläche für verschiedene Werte
a,b: (1) (500, 250)Å; (2) (500, 100)Å; (3) (500, 50)Å; (4) (500,
500)Å [nach Gersten und Nitzan] (Lit.21)

Im Experiment konnten E.Koglin und J.M.Sequaris (22) an
Biomolekülen (DNS) zeigen, daß die wesentliche Verstärkung eine
Reichweite von 5 Å nicht überschreitet.

2) Ein chemisches Modell, das von einer Oberflächenrauhigkeit in
atomaren Dimensionen ausgeht, die durch Ad-Atome und Cluster
beschrieben werden kann (23-28). Diese Ad-Atome werden durch die
an der Oberfläche adsorbierten Moleküle stabilisiert, die Atom-
orbitalniveaus der adsorbierten Verbindung werden energetisch
abgesenkt und es kommt zu einer Überlappung mit den
Metallorbitalen (Abb.3).

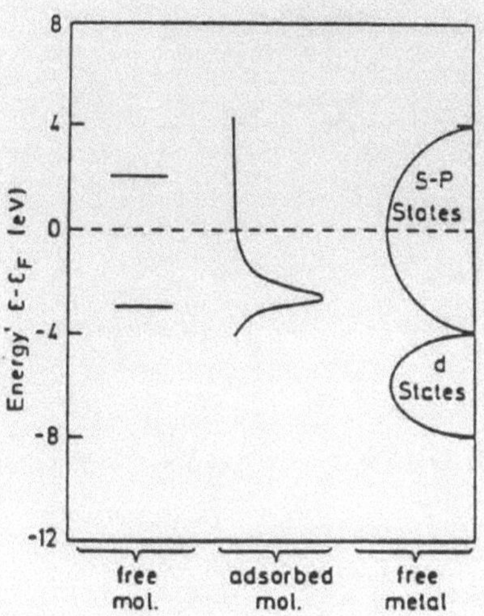

Abb.3: Energieschema des freien und des adsorbierten Moleküls
sowie des Silbersubstrates (Lit. 25, 26)
Der Verstärkungsmechanismus wird durch das in Abb.4 dargestellte
Vierschritt-Charge-Transfer-Modell (CT-Modell) beschrieben:

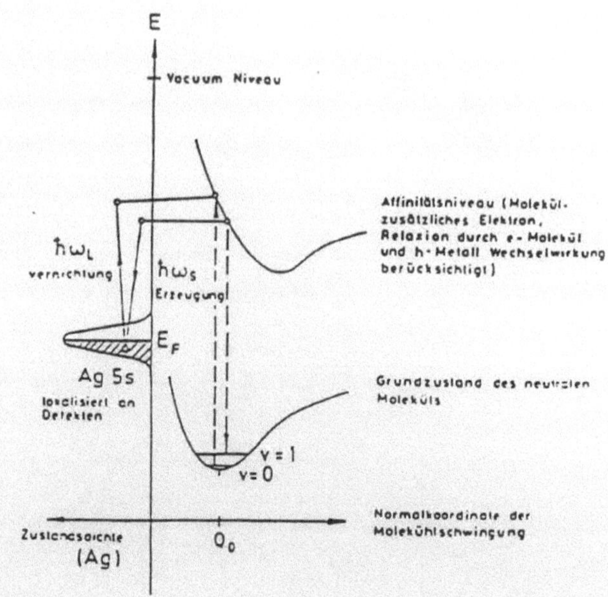

Abb.4: Vierschritt-CT-Modell des Ramanstreuprozesses am
Affinitätsniveau eines Moleküls (Lit.28)

Die vier Schritte dieses Modells lassen sich wie folgt
beschreiben:

1. An Stellen atomarer Rauhigkeit (14, 26) wird durch ein Laser-
Photon ein Elektronen-Loch-Paar (e-h) erzeugt.
2. Das angeregte Elektron tunnelt in das LUMO (energetisch niedrigste, unbesetzte (π^{*}-) Orbital des adsorbierten
Moleküls), wodurch es zu Coulomb-Wechselwirkungen des negativ
geladenen Moleküls mit den Metallelektronen kommt, die eine
Affinitätsniveau-Absenkung des Moleküls (Relaxation) bewirken.
3. Nach etwa 10^{-14} Sekunden tunnelt das Elektron mit einer um die

Anregungsenergie für das Molekül verminderten Energie zurück und hinterläßt ein Molekül im ersten angeregten Schwingungszustand ("shape resonance").
4. Rekombination des e-h-Paares unter Aussendung eines Stokes Photons.

Damit Elektronen überhaupt aus der Oberfläche emittiert werden können, muß die Anregungswellenlänge energetisch dem CT-Übergang entsprechen. Dies kann in elektrochemischen Systemen durch Variation des Elektrodenpotentials ermöglicht werden.

Insgesamt kommt dem chemischen Effekt nach theoretischen Berechnungen (23, 29) ein Verstärkungsfaktor von ca. 100 zu. Eine Größenabschätzung aus dem Experiment ist wegen der Überlagerung beider Effekte zur Zeit nicht durchführbar. Er dient wesentlich dazu, die beobachtete Quenchung bei Co-adsorbiertem Sauerstoff (19, 20) und die wesetlich größere Verstärkung in der erstem Monolage (System Pyridin/Silber) zu erklären.

3. Chemisch-experimenteller Teil

3.1   Methyl-tris-(trideuteromethyl)ammoniumjodid

$CH_3N(CD_3)_3 J$

Eine Mischung aus 5g Methyljodid-d_3, 0.35g 40%-ige, wässrige Methylaminlösung, 1.1g Natriumcarbonat und 40ml Ethanol/Wasser wurde unter kryostatisiertem Rückfluß (-30°C) 10 Stunden auf dem Wasserbad erhitzt. Nach Entfernen des Lösungsmittels verblieb eine weiße, kristalline Substanz, die aus Etanol umkristallisiert wurde. Ausbeute: 0.43g, 31%. Zersetzung > 360°C   Lit.(30): Zersetzung > 360°C

3.2   Heptyl-tris-(trideuteromethyl)-ammoniumjodid

$C_7H_{15}N(CD_3)_3 J$

Eine Mischung aus 0.8g Heptylamin, 5g Methyljodid-d_3 und 1.12g Natriumcarbonat in 40ml Ethanol/Wasser (1/1) wurde 12 Stunden auf dem Wasserbad unter Rückfluß erhitzt. Nach dem Erkalten wurde das Lösungsmittel im Wasserstrahlvakuum entfernt, der weiße, kristalline Rückstand mit wenig Wasser und Ether gewaschen und aus Aceton umkristallisiert (31). Ausbeute: 1.23g, 73%. Smp.:139° Lit.(32): 145°C

3.3   Hexadecyl-tris-(trideuteromethyl)-ammoniumjodid

$C_{16}H_{33}N(CD_3)_3 J$

Eine Mischung aus 1.41g Hexadecylamin, 5g Methyljodid-d_3 und 0.94g Natriumcarbonat in 40ml Ethanol/Wasser (1/1) wird 12 Stunden auf dem Wasserbad unter Rückfluß erhitzt. Nach dem Erkalten wurde

das Lösungsmittel im Wasserstrahlvakuum entfernt, der weiße, kristalline Rückstand mit wenig Wasser und Ether gewaschen und aus Ethanol/Ether umkristallisiert (31). Ausbeute 1.51g, 61%.
Smp.: 244-247°C   Lit.(33): 247°C

3.4   11-Deutero-undecyltrimethylammoniumbromid
$D-(CH_2)_{11}N(CH_3)_3\ Br$

Es wurde folgender Syntheseweg gewählt:

1. $HO-(CH_2)_{11}-Br$ + Dihydropran,H^+ $\longrightarrow$ $R-O-(CH_2)_{11}-Br$
     (251.3)   (84.1)   (335.4)

2. $R-O-(CH_2)_{11}-Br$ + $D-LiB(C_2H_5)_3$ $\longrightarrow$ $R-O-(CH_2)_{11}-D$
     (335.4)   (59)   (258)

3. $R-O-(CH_2)_{11}-D$ + HCl $\longrightarrow$ $HO-(CH_2)_{11}-D$
     (258)   (174)

4. $HO-(CH_2)_{11}-D$ + HBr/H_2SO_4 $\longrightarrow$ $Br-(CH_2)_{11}-D$
     (174)   (236.3)

5. $Br-(CH_2)_{11}-D$ + $N(CH_3)_3$
     (236.3)   (59.1)

     $\longrightarrow$ $D-(CH_2)_{11}N(CH_3)_3\ Br$
                         (295.4)

R = Tetrahydropyranyl

(Eine weitere Möglichkeit wäre die Umsetzung des Produktes aus 1. mit Magnesium zur Grignard-Verbindung, deren anschließende Hydrolyse mit D_2O, Entfernung der Schutzgruppe, nachfolgender Bromierung und Umsetzung mit Trimethylamin.)

1. 10g 11-Brom-1-undecanol wurden in 50ml Chloroform gelöst und mit 4g Dihydropyran sowie einer katalytischen Menge HCl versetzt. Nachdem 12 Std. bei Raumtemperatur gerührt worden war, wurde mit wasserfreiem Natriumhydrogencarbonat versetzt, filtriert und abrotiert (34). Ausbeute: 11.2g, gelbliches Öl, 88%

2. 5g aus 1. wurden in 50ml absolutem THF gelöst und unter inerten Bedingungen bei Raumtemperatur mit 20ml einer 0.1 molaren Lösung von Lithium-triethylbordeuterid versetzt (Handelsprodukt Super-Deuteride, ALDRICH)(35).

Nach 30min wurde das Reaktionsgemisch in gesättigte Ammoniumchloridlösung gegeben, die organische Phase abgetrennt und die wässrige noch dreimal mit THF ausgeschüttelt.

Das Lösungsmittel wurde am Rotationsverdampfer entfernt.

Der verbleibende Rückstand wurde in Dichlormethan aufgenommen und zur Entfernung der Schutzgruppe mit konz. wässriger Salzsäure überschichtet. Nachdem 12 Std. bei Raumtemperatur gerührt worden war, wurde die organische Phase abgetrennt und mit verdünnter Natriumhydrogencarbonatlösung neutralisert. Nach dem Abtrennen der organischen Phase wurde das Lösungsmittel entfernt. Es verblieb ein gelbliches Öl (Stufe 4.).

Ausbeute: 1.6g, 61%. NMR: s, $\delta(20H)$: 1.3ppm, $-(CH_2)_{10}-$; t, $\delta(2H)$: 3.7ppm, ^3J: 6 Hz, $-CH_2-OH$.

5. 2g 48%ige Bromwasserstoffsäure wurde mit 0.7g konz. Schwefelsäure versetzt und das Produkt aus 4. zugesetzt. Es wurde sechs Stunden unter Rückfluß auf dem Wasserbad erhitzt. Nach dem Erkalten wurde das Reaktionsprodukt in Dichlormethan aufgenommen, die organische Phase abgetrennt und mit verdünnter Natriumhydrogencarbonatlösung neutralisiert (36).

Ausbeute: 1.2g, 55%. NMR: $\delta(s)$: 1.3ppm, $D-(CH_2)_{10}-$; $\delta(t)$: 3.5ppm, ^3J: 9 Hz, $-CH_2-Br$.

6. Das Produkt aus 5. wird in Ethanol gelöst. Nachdem in doppelt

molaren Überschuß 40%ige Trimethylaminlösung zugegeben worden war, wurde 3 Std. unter kryostatisiertem (-30°C) Rückfluß auf dem Wasserbad erhitzt. Lösungsmittel und überschüssiges Trimethylamin werden entfernt und der gelbe Rückstand in Ethanol gelöst und mit Ether ausgefällt (31). Ausbeute: 1.35g, 90%. Smp.: 240°C

NMR: s, δ(20H): 1.3ppm, $-(CH_2)_{10}-$; s, δ(9H): 3.1ppm, $-N(CH_3)_3$; t, δ(2H): 3.05ppm, $^3J=$ 10Hz.

3.4 Synthese von Hexyl-, Octyl-, Decyl-, Dodecyl- und Hexadecyltrimethylammoniumbromid.

Jeweils 20 g Alkylbromid wurden mit der doppelt molaren Menge 40%-iger wässriger Trimethylaminlösung und soviel Ethanol - auf das Gesamtvolumen bezogen - versetzt, daß etwa eine 10%-ige Lösung entsteht. Man erhitzte unter kryostatisiertem Rückfluß (-30°C) auf dem Wasserbad. Nach Verschwinden der Phasengrenze wurde noch eine Stunde erhitzt. Die entstandenen Trimethyl-ammoniumsalze wurden, nachdem das Lösungsmittel sowie über-schüssiges Trimethyamin entfernt worden war, in Aceton umkristallisiert oder in Ethanol gelöst und mit Ether ausgefällt. Die Ausbeuten sind nahezu quantitativ (37, 33).

	Schmelzpunkte:	Lit.:
Hexyl- :	178°	167° (32)
Octyl- :	215°	198-200° (33)
Decyl- :	240°	239-242° (38)
Dodecyl- :	248°	243° (38)
Hexadecyl- :	244°	230-240° (33)

3.5 Mit einem Interfacial Tensiometer der Firma Krüss wurden nach der Ringmethode die Oberflächenspannungen von unterschiedlich konzentrierten Lösungen der Verbindungen Dodecyl-, Tetradecyl- und Hexadecyltrimethylammoniumbromid in Gegenwart von 0.01mol/l KCl bestimmt. Die bei der Messung erhaltenen Werte wurden nach Harkins und Jordan korrigiert. Die Ergebnisse sind unter 5.2.5 aufgeführt.

4. Apparativer Aufbau

Die sowohl für die SERS-Messungen als auch für Feststoffmessungen
verwendete Apparatur ist eine Tripelmonochromator MOLE S 3000
Einheit der Firma ISA/Yobin Yvon, bestehend aus einem Olympus BH2
Mikroskop, mit CCD-Kamera und Monitor, einem Doppelmonochromator
DHR 320 und ein Monochromator HR 640. Gesteuert wird die Anlage
durch eine Spectralink/IBM-AT Kombination, die auch die Daten-
erfassung übernimmt. Zur Anregung diente ein Argon-Ionenlaser
Modell 2020-03 der Firma Spectra Physics. Die Funktionsweise
dieses Mikro-Raman-Aufbaus ist in nachfolgendem Diagramm dargestellt (Abb.5):

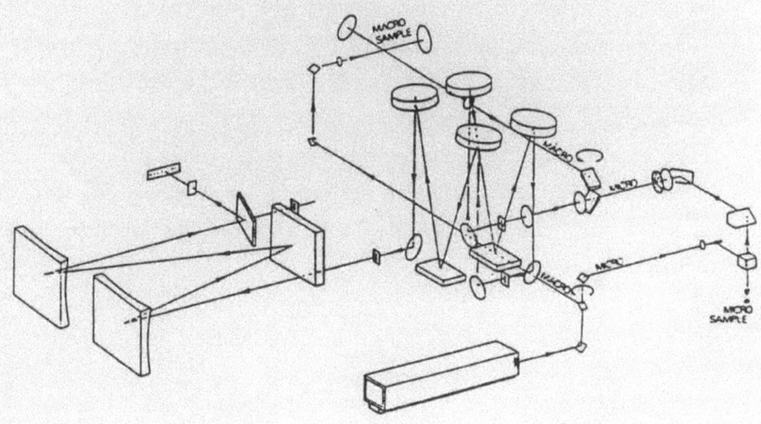

Abb.5: Schematische Darstellung der Mikro-Raman-Meßapparatur

Das vom Laser emittierte Licht wird durch ein Amici-Prisma
geleitet und auf einer nachfolgenden Laufstrecke durch Blenden
von Plasmalinien befreit. Es gelangt anschließend durch das
Mikroskop und wird mit einem Durchmesser von ungefähr einem
Mikrometer auf die Probe fokussiert. Nach 180° Reflexion wird im

Doppelmonochromator DHR 320 die Anregungslinie ausgeblendet und im Hauptmonochromator die abschließende Dispergierung und Fokussierung auf das Diodenarray durchgeführt.

Alle durchgeführten SERS-Messungen fanden in einer elektrochemischen Zelle statt mit der in der Elektrochemie üblichen Anordnung und Verschaltung von Gegen-, Bezugs- und Meßelektrode. Die Steuerung übernahmen ein Potentiostat und ein Programmer der Firma Princeton Applied Research. Als Gegenelektrode diente eine Ag/AgCl Elektrode mit gesättigter KCl-Lösung der Firma Metrohm (Potential gegen SHE: +197mV). Meßelektrode war eine Silberelektrode derselben Firma. Die Gegenelektrode bestand aus Platindraht.
Zur Durchführung der nicht bei Raumtemperatur ausgeführten Messungen wurde eine temperierbare Zelle konstruiert. Hierzu wurde die eigentlich Meßzelle mit einem Temperiermantel umgeben, der mit einem Thermostat verbunden war. Durch eine Sonde im Inneren der Meßzelle (Pt 100) wurde fortwährend die Temperatur bestimmt und im Thermostaten mit dem vorgegebenen Sollwert verglichen. Der Thermostat regelte nach diesen Vorgaben die Temperatur der den Temperiermantel durchströmenden Flüssigkeit so, daß der Sollwert erreicht wird.

4.1 Vorbereitungen zu SERS-Messungen

Vor jeder Messung wurde die Silberelektrode mit 0.05 micron Schleifpaste der Firma Bühler so geschliffen, daß eine spiegelblanke Oberfläche entstand. Bei außergewöhnlich beanspruchten Elektroden wurde erst mit 1 micron Schleifpaste derselben Firma vorbehandelt um dann stufenweise die Körnigkeit bis zu 0.05 micron zu verringern.
Vielfach wird angegeben, daß intensivere Spektren erzielt werden, wenn die Elektrodenoberfläche nach abschließender Polierung zusätzlich im Ultraschallbad zum Entfernen von Al_2O_3 gereinigt wird.

Auch mehrsekündige Wasserstoffentwicklung vor dem Aufrauhen der Elektrode erhöht die Intensität der SERS-Spektren. Beide Verfahren - auch kombiniert - wurden durchgeführt. Letztendlich wurde auf beide verzichtet, da keine signifikanten Intensitätsunterschiede bei der Untersuchung von Tensiden bemerkt werden konnten.

Prinzipiell gibt es zwei Möglichkeiten, die für SERS-Messungen erforderliche Elektrodenrauhigkeit an Silberelektroden in elektrochemischen Systemen zu erzielen. Dabei wird zwischen der in situ und der ex situ Methode unterschieden. Bei der in situ Methode wird die wie oben dargestellt vorbehandelte Elektrode in eine elektrochemische Zelle gebracht, in der sich eine Elektrolytlösung (üblicherweise 2 - 0.001mol/l KCl) befindet, die die zu untersuchende Substanz enthält. Dann wird ein Elektrodenpotential angelegt, das zur Bildung von AgCl auf der Oberfläche führt, und unterhalb des Potentials liegt, bei dem Ag_2O gebildet wird (> 0, < +200mV). Anschließend wird bei entsprechend negativem Potential (< -200mV) die Elektrodenoberfläche reduziert. Das Verfahren der Oxidation/Reduktion läßt sich vielfältig variieren (Oxidations - Reduktionspotential, Ladungs-menge, Potentialsprung - kontinuierliche Potentialänderung (sweep)). Hier wurden keine systematischen Untersuchungen durchgeführt. Üblicherweise wurde ein Oxidationspotential zwischen +150 und +200mV gewählt und eine Ladung in der Größenordnung von ca. $100mC/cm^2$ zur Oxidation umgesetzt.

Bei ex situ Messungen wird die Elektrode in reiner Elektrolytlösung (z.B. 0.1M KCl) in einer separaten Zelle mehrmals oxidiert und reduziert um die geforderte Rauhigkeit zu erreichen. Dann wird die Elektrode in die eigentliche Meßzelle gebracht und die entsprechende Lösung zugegeben. Das ex situ Verfahren wird insbesondere bei oxidationsempfindlichen Verbindungen angewandt. Besonders intensive Spektren werden erhalten, wenn beide Verfahren verknüpft werden. Hierzu wird die Elektrode mehrmals in reiner

Elektrolytlösung und anschließend in Gegenwart der zu untersuchenden Substanz erneut einem Oxidations/Reduktionszyklus unterzogen.

Bei den hier untersuchten Verbindungen wurden bei der ex und der in situ Methode dieselben Signalpositionen erhalten. Da die Substanzen im betrachteten Potentialbereich zudem elektrochemisch inert sind wurde oben dargestellte Vorgehensweise routinemäßig durchgeführt.

5. Ergebnisse und Diskussion

5.1 Mikro-Ramanspektren der polykristallinen Tenside

Es wurden die Ramanspektren der Kationentenside Hexyl-, Octyl-, Decyl-, Dodecyl-, Tetradecyl und Hexadecyltrimethylammoniumbromid (Anhang: I - VI.1, 2) aufgenommen. Die erhaltenen Wellenzahlen sind in Tabelle 2 zusammengestellt.

C_6	C_8	C_{10}	C_{12}	C_{14}	C_{16}	Tendenz
	200.2 s					
243.6 s				253.4 vw		
345.8 w					348.6 vw	
				380.8 vw		
445.2 s	443.8 s	446.6 s	446.6 s	442.4 s	448 w	==
				470.4 vw		
491.4 w	498.4 w	511 w		508.2 vw	488.6 vw	==
526.4 w	526.4 w	529.2 w	530.6 w	527.8 w	530.6 vw	==
760.2 vs	754.6 s	756 s	757.4 s	753.2 s	758.8 s	==
		802.2 vw	799.4 w	798 vw		
				830.2 vw		
		852.6 vw				
889 s	884 w	887.6 w	887.6 w	882 w	884.8 w	==
911.4 s	907.2 w	907.2 w	907.2 w	904.4 w	905.6 w	==
			935.2 w		936.6 vw	
952 s	959 s	949.2 s	960.4 s	946.4 w	957.6 w	==
		978.6 vw				
				1003.8 vw	1010.8 vw	
1038.8 vw		1027.6 vw				
1066.8 s	1066.8 s	1064 s	1062.6 s	1059.8 s	1062.6 s	>>

			1086.4 w	1090.6 w	1100.4 w	>>
1114.4 w	1117.2 w					
		1125.6 s	1127 s	1125.6 s	1128.4 s	>>
1156.4 w	1150.8 w	1153.6 w	1152.2 w	1148 w	1150.8 w	==
		1188.6 vw		1176 vw	1178.8 vw	
	1202 vw					
		1218 vw				
1230 vw	1232 vw					
1247.4 vw						
1282.4 w		1276.8 vw	1279.6 w			==
		1302 s	1302 s	1297.8 s	1300.6 s	>>
1311.8 s	1313.2					
1356.6 vw						
		1369.2 vw		1374.6 w	1374.8 w	==
1405.6 s	1401.4 s	1405.6 s	1405.6 w	1401.4 w	1405.6 w	==
				1423.8 w	1425.2 s	>>
1449.0 s	1447.6 s	1450.4 s	1450.4 s	1447.6 s	1450.4 s	>>
1472.8 vs	1468.6s	1472 s	1474.2 vs	1470.3 vs	1472 vs	==
2732 vw	2723 vw	2715.9 vw	2733.5 vw	2732.4 w	2721.4 vw	
2780 vw	2779.7 vw	2778.6 vw	2779.7 vw			
		2850.1 vs	2849 vs	2854.5 vs	2847.9 vs	>>
	2860 vs					
2872.1 vs						
2891.9 vs	2890 vs	2880.9 vs	2879.3 vs	2887 vs	2879 vs	>>
2941.4 vs	2948 vs	2941.4 vs	2941.4 vs	2948 vs	2941.4 s	==
2962.3 vs	2967.8					
3015.1 vs	3022.8 s	3016.2 s	3015.1 s	3021.7 s	3015.1 s	==
3031.6 w	3039.3 w		3031.6 w		3031.6 w	==

Tab.2: Signalpositionen der Ramanspektren der polykristallinen
Trimethylammoniumalkane in Wellenzahlen (cm^{-1})
Anmerkung: vs: very strong, s:strong, w: weak, vw: very weak,
>> von links nach rechts zunehmende, == gleichbleibende
Intensität.

Durch die Intensitätstendenz einer Schwingung in Abhängigkeit von der Kettenlänge ist es möglich, Schwingungen der Trimethyl-ammoniumgruppe von denen der $-CH_2-$ Gruppen zu unterscheiden, falls keine Überlappung vorliegt:

Schwingungen, zu denen die $-CH_2-$ Gruppen einen Beitrag leisten, oder die ausschließlich den $-CH_2-$ Gruppen zuzuordnen sind bei: 1063.8 ± 4, 1152 ± 4, 1300.6 ± 2, 1449.2 ± 2, 2850 ± 5 und 2885 ± 6 cm^{-1}.

Um eine Zuordnung aller Banden vornehmen zu können, wurde auf die Normalkoordinatenanalyse von Cholin und deuterierter Derivate, die in der Dissertationsschrift von Pavel Rihak, Eidgenössische Hoch-schule Zürich, 1979, aufgeführt ist, zurückgegriffen (39). Da Cholin ($(CH_3)_3N(CH_2)_2OH$) aufgrund der endständigen Hydroxygruppe mit den hier untersuchten Ammoniumverbindungen nur eingeschränkt vergleichbar ist, wurden keine berechneten Schwingungen berück-sichtigt, die sich auf Koordinaten der $-OH$ Gruppe gründen.

Dies ist auch deshalb zulässig, da der Autor auf Seite 55 darauf hinweist, daß unterschiedliche Substituenten am β C-Atom praktisch keinen Einfluß auf Schwingungen der Trimethylammoniumgruppe haben. Der Autor verwendete folgende Modellgeometrie (Abb.6):

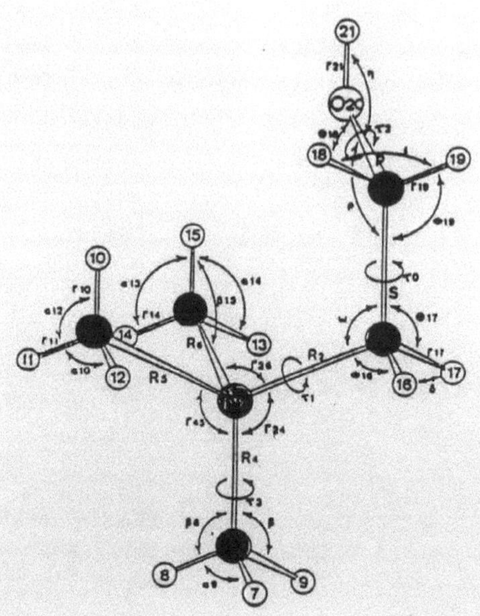

Abb.6: Modellgeometrie des Cholinmoleküls.(Lit.39)

Definition: Bezeichnung:

$S1 = 1/\sqrt{3}(r7+r8+r9)$ r_{1C}

$S2 = 1/\sqrt{6}(r7-2r8+r9)$ r_{1s}

$S3 = 1/\sqrt{2}(r7-r9)$ r_{1a}

$S4 = 1/\sqrt{3}(r10+r11+r12)$ r_{2C}

$S5 = 1/\sqrt{6}(r10-2r11+r12)$ r_{2s}

$S6 = 1/\sqrt{2}(r10-r12)$ r_{2a}

$S7 = 1/\sqrt{3}(r13+r14+r15)$ r_{3C}

$S8 = 1/\sqrt{6}(r13-2r14+r15)$ r_{3s}

$S9 = 1/\sqrt{2}(r13-r15)$ r_{3a}

$S10 = 1/\sqrt{2}(r16+r17)$ u_{s}

$S11 = 1/\sqrt{2}(r16-r17)$ u_a

$S12 = 1/\sqrt{2}(\ r18+\ r19)$ v_s

$S13 = 1/\sqrt{2}(r18-r19)$ v_a

$S14 = 1/2(R2+R4+R5+R6)$ R_{Td}

$S15 = 1/\sqrt{12}(-3R2+R4+R5+R6)$ R_C

$S16 = 1/\sqrt{6}(2R4-R5-R6)$ R_s

$S17 = 1/\sqrt{2}(R5-R6)$ R_a

$S19 = P$ P

$S20 = 1/\sqrt{6}(\alpha7+\alpha8+\alpha9-\beta7-\beta8-\beta9)$ U_1

$S21 = 1/\sqrt{6}(\alpha10+\alpha11+\alpha12-\beta10-\beta11-\beta12)$ U_2

$S22 = 1/\sqrt{6}(\alpha13+\alpha14+\alpha15-\beta13-\beta14-\beta15)$ U_3

$S23 = 1/\sqrt{6}(-\alpha7+2\alpha8-\alpha9)$ α_{1s}

$S24 = 1/\sqrt{6}(-\alpha10+2\alpha11-\alpha12)$ α_{2s}

$S25 = 1/\sqrt{6}(-\alpha13+2\alpha14-\alpha15)$ α_{3s}

$S26 = 1/\sqrt{2}(-\ 7+\alpha9)$ α_{1a}

$S27 = 1/\sqrt{2}(-\alpha10+\alpha12)$ α_{2a}

$S28 = 1/\sqrt{2}(\alpha13-\alpha15)$ α_{3a}

$S29 = \delta$ δ

$S30 = \in$ $\in$

$S31 = \tfrac{1}{2}(\Phi17-\theta17+\Phi16-\theta16)$ τ_{w1}

$S33 = 1/\sqrt{8}(\Phi17-\theta17-\Phi16+\theta16)$ τ_{t1}

$S35 = \tfrac{1}{2}(\Phi17+\theta17-\Phi16-\theta16)$ τ_{r1}

$S37 = 1/\sqrt{6}(-\beta7+2\beta8-\beta9)$ β_{1s}

$S38 = 1/\sqrt{2}(\beta7-\beta9)$ β_{1a}

$S39 = 1/\sqrt{6}(-\beta10+2\beta11-\beta12)$ β_{2s}

$S40 = 1/\sqrt{2}(\beta10-\beta12)$ β_{2a}

$S41 = 1/\sqrt{6}(-\beta13+2\beta14-\beta15)$ β_{3s}

$S42 = 1/\sqrt{2}(-\beta13+\beta15)$ β_{3a}

$S43 = 1/2(-\Gamma45-\Gamma46+\Gamma25+\Gamma26)$ Γ_w

$S44 = 1/\sqrt{2}(\Gamma56-\Gamma24)$ Γ_{scill}

$S45 = 1/2(-\Gamma45+\Gamma46-\Gamma25+\Gamma26)$ Γ_r

$S46 = 1/2(\Gamma45-\Gamma46-\Gamma25+\Gamma26)$ Γ_t

$S47 = 1/\sqrt{12}(2\Gamma56-\Gamma45-\Gamma46+2\Gamma24-\Gamma25-\Gamma26)$ Γ_{sci}

$S48 = \Omega$ Ω

Tab.3: Interne Koordinaten des Cholinmoleküls nach P. Rihak
(Lit. 39)

Anmerkung: Die Bezeichnung einiger interner Koordinaten wurde so
gewählt, daß die lokale Symmetrie der entsprechenden Koordinaten
hervorgehoben wird. Die Indizes haben folgende Bedeutung:

Td: symmetrisch bezüglich aller Operationen der Gruppe T_d
C: symmetrisch bezüglich einer lokalen C_3-Drehachse.
s: symmetrisch bezüglich einer lokalen Spiegelebene
a: antisymmetrisch bezüglich einer lokalen Spiegel-Ebene

Der Autor berechnete folgende Wellenzahlen für die trans-
Konformation (Tab.4):

Wellenzahlen	Schwingungszuordnung
1489.7	$\in(15)-\tau_{w1}(10)-\alpha_{2a}(10)-\alpha_{3a}(10)$
1478	$\alpha_{1a}(31)-\beta_{1a}(14)$
1477.9	$\alpha_{1s}(26)+\alpha_{2s}(14)+\alpha_{3s}(14)+\beta_{1s}(11)$
1454.8	$\alpha_{1a}(29)+\alpha_{2a}(29)-\alpha_{3a}(29)$
1453.5	$\alpha_{1s}(51)-\alpha_{2s}(13)-\alpha_{3s}(13)$
1453.5	$\alpha_{2s}(38)-\alpha_{3s}(38)$
1427.8	$U_2(34)-U_3(34)-\alpha_{1a}(15)$
1407.3	$U_1(27)+U_2(35)+U_3(35)$
1358.1	$\tau_{w1}(28)+\tau_{w2}(33)+\in(21)+U_1(11)$
1343.2	$\tau_{t2}(77)$
1335.7	$\tau_{w1}(30)-\tau_{w2}(37)$
1275.6	$\tau_{r1}(17)+\tau_{r2}(26)-R_a(12)-\tau_{t2}(14)*$
1273.5	$R_C(14)+\beta_{1s}(16)+\beta_{2s}(14)+\beta_{3s}(14)$
1237.2	$R_a(15)-\tau_{t1}(20)+\tau_{r2}(17)+\beta_{1a}(16)$
1219.9	$R_s(19)-\tau_{w1}(11)-\beta_{2a}(22)-\beta_{3a}(22)$
1136.7	$\tau_{t1}(38)+\beta_{1a}(13)+\beta_{2s}(14)-\beta_{2s}(14)$
1130	$\beta_{1s}(44)-\beta_{2s}(12)-\beta_{2s}(12)$
1111.6	$\tau_{t1}(33)-\beta_{2s}(24)+\beta_{3s}(24)$

949.2	$R_s(93)$
944	$R_a(93)$
881.8	$R_C(94)*$
842.9	$\tau_{r1}(60)-\tau_{r2}(43)*$
754.7	$R_{Td}(92)*$
504.6	$\Gamma_w(69)-\Omega(11)*$
449.2	$\Gamma_r(100)$
385.1	$\Gamma_t(93)$

Tab.4: Berechnete Schwingungsfrequenzen für die trans-Konformation (* konformationsabhängige Schwingungen). (Lit.39)

Für die gauche (85°) Konformation gelten die folgenden Werte (Tab.5):

Wellenzahlen	Schwingungszuordnung
1167.9	$\tau r2(31)+\tau r1(12)-\tau t1(15)$
1004.6	$\tau r1(40)-\tau r2(21)+S(10)$
858.0	$RC(67)+RTd(13)$
716	$RTd(88)-RC(14)$

Tab.5: Berechnete Schwingungsfrequenzen der gauche-Konformation. (39)

Mit Signalpositionen aussagekräftiger Intensitäten aus Tabelle 2 (>vw) wird eine Mittelwertbildung durchgeführt. Werden Abweichungen vom Mittelwert $>6cm^{-1}$ nicht berücksichtigt, gehen in jeden Mittelwert mindestens vier Werte der sechs untersuchten Verbindungen ein. Die Werte sind in Tabelle 6 aufgeführt, mit Werten der Normalkoordinatenanalyse verglichen und soweit möglich zugeordnet.

Wellenzahlen			Zuordnung
445.4 ± 3	449.24	$\Gamma_r(100)$	δ, CNC, $[(CH_3)_3\,N\,CH_2]$
499.5			?
528.5 ± 2			δ, Gerüst
756.6 ± 4	754.7	R_{Td}	ν, N-C, $[(CH_3)_3\,N\,CH_2]$
885.8 ± 3	881.8	$R_C(94)$	ν, N-C, $[(CH_3)_3\,N\,CH_2]$
907.1 ± 4			?
944		$R_a(93)$	ν, N-C, $[(CH_2)_2\,N]$
954.1 ± 6	949.2	$R_s(93)$	ν, N-C, $[(CH_3)_3\,N]$
1063.8 ± 4			-C-C-, trans
1126.6 ± 2	1111.6	$\tau_{t1}(33)-\beta_{2s}(24)$ $+\beta_{3s}(24)$	δ, CH_3, CH_2, HCN, $[(CH_3)_2\,N\,CH_2]$
1152 ± 4			-C-C-, trans
1300.6 ± 2			δ, $-(CH_2)-$ twisting
1404.2 ± 3	1407.3	$U_1(27)+U_2(35)$ $+U_3(35)$	δ, CH_3, HCH, HCN, $[(CH_3)_3\,N]$
1449.2 ± 2	1453.5	$\alpha_{1s}(51)-\alpha_{2s}(13)$ $-\alpha_{3s}(13)$	δ, CH_3, HCH, $[(CH_3)_3\,N]$
	1453.5	$\alpha_{2s}(38)-\alpha_{3s}(38)$	δ, CH_3, HCH, $[(CH_2)_3\,N]$
	1454.8	$\alpha_{1a}(29)+\alpha_{2a}(29)$ $-\alpha_{3a}(29)$	δ, CH_2, HCH, $[(CH_3)_3\,N]$
			δ_{sciss}, $-(CH_2)-$
1471.6 ± 3	1478	$\alpha_{1a}(31)-\beta_{1a}(14)$	δ, CH_2, HCH, HCN, $[CH_3\,N]$
			δ, CH_3, $[(CH_3)_3N]$
2850 ± 5			ν_s, C-H, $-(CH_2)-$
2885 ± 6			ν_{as}, C-H, $-(CH_2)-$
2943 ± 5			ν_{as}, C-H, CH_3
3017 ± 6			ν_{as}, C-H, CH_3

Tab.6: Gemittelte Schwingungsfrequenzen der Trimethylammoniumalkane und deren Zuordnung

Aus Gründen der Übersicht werden alle winkelverändernden
Schwingungen mit δ, und alle Bindungslängenverändernden mit ν
bezeichnet. Die Angabe: CH_2, HCH, HCN, [CH_3 N] bedeutet: CH_2
Schwingung um die Winkel HCH, HCN aus dem Molekülfragment CH_3 N.
Kombinationsschwingungen sind nicht gekennzeichnet.
Anmerkung: In Tabelle 2 findet sich für Hexyl- und Octyltrimethyl-
ammoniumbromid jeweils eine intensive Schwingung bei 243.6 und
$200.2cm^{-1}$. Da bei den höheren Homologen im Bereich bis $150cm^{-1}$
keine Schwingung beobachtet werden können, ist davon auszugehen,
daß es sich um eine kettenlängenabhängige Schwingung
(Longitudinalschwingung) handelt.

Zuordnung der C-H, C-D Streckschwingungen

Die hier vorgenommene Zuordnung wird durch die Spektren der
Verbindungen Methyl-, Heptyl und Hexadecyl-tris-(trideuteromethy)-
ammoniumjodid gestützt (VII.1, VIII.1, 2, IX.1, 2):

- So findet sich in den Spektren der Verbindungen Heptyl- und
Hexadecyl-tris-(trideuteromethy)-ammoniumjodid keine Bande
oberhalb von $2957cm^{-1}$.
- Bei Methyl-tris-(trideuteromethy)-ammoniumjodid jedoch tritt
eine Bande bei $3008cm^{-1}$ auf, die der asymmetrischen Streckschwingung der Methylgruppe zugeordnet werden muß, da diese in dem
betrachteten System die Schwingung höchster Energie ist.

Demgemäß sind auch die in den Feststoffspektren der undeuterierten
Verbindungen auftretenden Banden bei 3017 ± $6cm^{-1}$ der Methylgruppen der Trimethylammoniumgruppe zuzuordnen. (Aus der Ketten-
längenunabhängigkeit der Intensität folgt, daß es sich nicht um
Methylenschwingungen handel kann). Die bei Methyl-tris-
(trideuteromethy)-ammoniumjodid bei $2951.2cm^{-1}$ auftretende Bande
kann jedoch nicht die symmetrische Streckschwingung der Methyl-

gruppe sein. Da sich diese Schwingungen auch bei den Verbindung Heptyl- und Hexadecyl-tris-(trideuteromethy)-ammoniumjodid - als Schwingung höchster Energie - findet (2956.8 und 2955.1cm^{-1}), muß es sich bei diesen Verbindungen um die asymmetrische Streck-schwingung der Methylgruppe am Kettenende handeln. Hieraus folgt sofort, daß die Methylgruppen in polykristallinem Methyl-tris-(trideuteromethy)-ammoniumjodid im Kristallverband nicht äqui-valent sein können. Vielmehr gibt es Methylgruppen, deren An-ordnung eine Valenz-schwingung von 3008cm^{-1} zulassen und andere, bei denen ein Wert von 2951.2cm^{-1} auftritt. Diese Aussage auf die Trimethylammoniumbromide unterschiedlicher Kettenlänge übertragen, bedeutet, daß die Schwingung bei 2943 ± 5cm^{-1} sowohl von der end-ständigen Methylgruppe als auch von Methylgruppen der Trimethyl-ammoniumgruppe stammen muß. Da das Intensitätsverhältnis der Schwingungen bei 3017 ± 6cm^{-1} und 2943 ± 5cm^{-1} augenfällig keine signifikanten Unterschiede zeigt, folgt weiterhin, daß über die Kettenlängen 6 - 16 die Nichtäquivalenz der Methylgruppen quali-tativ keine Änderung erfährt. Demnach sollte die Positionierung des Gegenions im Kristallverband für die Nichtäquivalenz der Methylgruppen verantwortlich sein, da mit zunehmender Kettenlänge die Wechselwirkung der Ammoniumgruppen untereinander abnehmen muß. Diese Aussage erklärt auch, warum bei Methyl-tris-(trideutero-methy)-ammonium-jodid die höchste Bande bei 3008cm^{-1} auftritt, während es bei Tetramethylammoniumhydroxid 3038cm^{-1} (40) ist. Das Gegenion größerer Ladungsdichte erzeugt eine größere lokale Ver-änderung des Kraftfeldes und somit eine größere Verschiebung dieser Schwingung, die ohne zusätzliches Kraftfeld bei 2943 ± 5cm^{-1} auftritt. Bei den untersuchten Alkyltrimethyl-ammoniumbromiden fand sich diese Bande bei 3017 ± 6cm^{-1}, was mit den getroffenen Aussagen konform ist.

Die Nichtäquivalenz der Methylgruppen in Trimethylammoniumalkanen zeigt sich bei den Verbindungen Methyl-, Heptyl- und Hexadecyl-tris-(trideuteromethy)-ammoniumjodid auch durch die Aufspaltung der C-D Streckschwingungen im Bereich von 2070 bis 2275 cm^{-1}. Hier findet man fünf Banden, deren relative Intensitäten zueinander sich bei den drei untersuchten Verbindungen nicht signifikant ändern. Dabei entspricht die Bande bei 2168 ± 3cm^{-1} der symmetrischen C-D Streckschwingung wie sie bei deuterierten Alkanen beobachtet werden kann (siehe die SERS-Spektren von 11-Deuteroundecyltrimethylammoniumbromid). Die Kettenlänge hat demnach, wie auch hier deutlich wird, keinen Einfluß auf die Nichtäquivalenz der Methylengruppen in polykristallinen Trimethylammoniumalkanen. Die bei den Trimethylammoniumalkanen auftretenden Banden bei 2885 und 2850cm^{-1} finden sich für Hexadecyl-tris-(trideuteromethy)-ammoniumjodid bei 2889.6 und 2856cm^{-1}. Aufgrund ihrer Abhängigkeit von der Kettenlänge sind sie eindeutig den asymmetrischen und symmetrischen Streckschwingungen der Methylengruppen zuzuordnen. Geklärt werden muß, warum bei den Verbindungen Hexyl- und Octyltrimethylammoniumbromid sowie Heptyl-tris-(trideuteromethy)-ammoniumjodid weitere Banden und teilweise größere Abweichungen von den Werten auftreten, die bei größeren Kettenlängen erhalten werden.

Bei Methyl-tris-(trideuteromethy)-ammoniumjodid treten in diesem Bereich zwei Banden bei 2800 und 2899.4cm^{-1} auf. Die Schwingung bei 2899.4cm^{-1} kann der symmetrischen Streckschwingung entsprechen. Die Schwingung bei 2800cm^{-1} kann nicht als Oberschwingung der Schwingung bei 1408.4cm^{-1} interpretiert werden, da bei Heptyl- und Hexadecyl-tris-(trideuteromethy)-ammoniumjodid ebenfalls eine Bande bei 2800cm^{-1} erkennbar ist, ohne daß eine Schwingung im Spektralbereich um 1400cm^{-1} auftritt.

Bereich der C-H, C-D Deformationsschwingungen

Für die Alkyltrimethylammoniumverbindungen wird bei $1471.6 \pm 3\,cm^{-1}$ eine Bande beobachtet, die bei den deuterierten Verbindungen Methyl- und Hexadecyl-tris-(trideuteromethy)-ammoniumjodid bei 1468.6 und $1461.6\,cm^{-1}$ auftritt (Heptyl- als nicht gekennzeichnete Schulter neben $1442\,cm^{-1}$). Da diese Bande mit der Kettenlänge intensitätskonstant ist, muß sie als Deformationsschwingung den Methylgruppen der Trimethylammoniumgruppen und der entständigen Methylgruppe zugeordnet werden. Die Bande bei $1449.2 \pm 2\ cm^{-1}$ zeigt hingegen eine deutliche Intensitätszunahme mit steigender Kettenlänge. Zur Zuordnung ist auch hier der Vergleich mit den deuterierten Verbindungen instruktiv. So zeigen die Verbindungen Heptyl- und Hexadecyl-tris-(trideuteromethy)-ammoniumjodid vergleichbare Banden bei 1442 und $1449\,cm^{-1}$ während bei Methyl-tris-(trideuteromethy)-ammoniumjodid keine vergleichbare Bande in diesem Bereich auftritt. Die Bande bei $1408.4\,cm^{-1}$ ist vermutlich eine Oberschwingung der bei $686\,cm^{-1}$ auftretenden Schwingung. Bei den Trimethylammoniumalkanen ist zwar eine Bande bei $1404.3 \pm 2\,cm^{-1}$ zu erkennen, ihr Nichtauftreten bei den anderen beiden deuterierten Verbindungen zeigt jedoch, daß es sich um eine Deformationsschwingung der Ammoniumgruppe handeln muß. Dies steht auch in Übereinstimmung mit der Normalkoordianatenanalyse von Cholin. Demnach handelt es sich um eine Deformationsschwingung der Methylengruppen. Aufgrund ihrer großen Bedeutung für die nachfolgenden Untersuchungen ist diese Schwingung, die in der Literatur auch als scissoring bezeichnet wird in Abbildung 7 dargestellt:

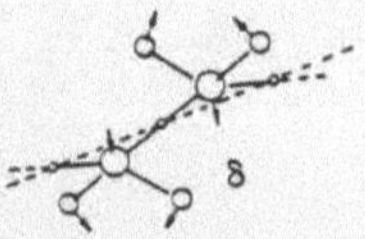

Abb.7: CH_2-scissoring Schwingung ($1449.2 \pm 2\ cm^{-1}$)

Abgesehen von Methyl-tris-(trideuteromethy)-ammoniumjodid ist die
Bande der CH_2 twisting Schwingung bei allen untersuchten Ver-
bindungen erkennbar und tritt bei $1302 \pm 6cm^{-1}$ auf. Auch diese
Schwingung ist dargestellt (Abb.8):

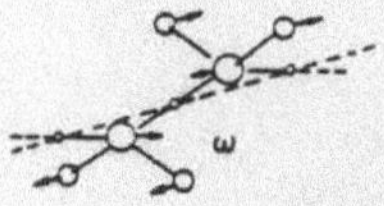

Abb.8: CH_2-twisting Schwingung ($1302 \pm 6cm^{-1}$)

Die Konformation der Alkylkette

Bei den Verbindungen Dodecyl-, Tetradecyl und
Hexadecyltrimethylammoniumbromid findet sich eine Linie jeweils
bei 1084.4, 1090.6 und $1100.4cm^{-1}$. Snyder (41) kam mit einer
Normalkoordinatenanalyse und dem Vergleich mit eigenen Messungen
von n-Alkanen zu dem Ergebnis, daß eine Bande bei $1080 -1090cm^{-1}$
als Kombinationsschwingung der C-C Streck und CH_2-wagging
Schwingungen in nicht all-trans-Konformation der Kette zu inter-
pretieren ist. Da zudem die Intensität dieser Linie mit zunehmender Kettenlänge zunimmt, muß angenommen werden, daß eine
gewisse Anzahl von CH_2- Gruppen nicht die trans Konformation - der
die Banden bei 1063.8 ± 4 und $1152 \pm 4cm^{-1}$ zuzuordnen sind -
einnehmen und daß die Zahl der nicht trans ständigen CH_2-Gruppen
mit zunehmender Kettenlänge wächst. Die ersten beiden der Trimethylammoniumgruppe benachbarten CH_2- Gruppen sind jedenfalls in
der polykristallinen Modifikation ausschließlich in trans Position
(R_{Td} trans: 754.7, gauche: $716cm^{-1}$). Die nicht trans-ständigen
CH_2- Gruppen müssen sich demnach in entsprechender Entfernung von
der Trimethylammoniumgruppe befinden.

Die Deformationsschwigungen der Trimethylammoniumgruppe

Die gute Übereinstimmung der für die Tetraedergruppe R_{Td} berechneten symmetrischen Schwingung der Trimethylammoniumgruppe (gemessen bei:754.7, berechnet bei: $756.6 cm^{-1}$) sowie der anderen Deformationsschwingungen der Trimethylammoniumgruppe (Tab.6) zeigt, daß durch die oben festgestellte nichtäquivalenz der Methylammoniumgruppen die Gesamtsymmetrie R_{Td} kaum beeinträchtigt worden sein kann. Die Wechselwirkung mit den Gegenionen zeigt sich also nur anhand der C-H Streckschwingungen. Dies liegt daran, daß die Wechselwirkung auf die C-H Bindungen einiger Methylgruppen beschränkt ist, die nur einen geringen Anteil am Gesamtsystem der Massenpunkte haben können. Es wird also eine Symmetrieänderung bei den mit den Gegenionen wechselwirkenden Methylgruppen eingetreten sein.

5.2 Mikro SERS-Spektren der wässrigen Tensidlösungen

5.2.1 Allgemeine Einleitung

Von den Verbindungen Hexyl-, Octyl-, Decyl-, Dodecyl-, Tetradecyl-Hexadecyltrimethylammoniumbromid und Methyl-, Heptyl-, Hexadecyl-tris-(trideuteromethyl)-ammoniumjodid sowie 11-Deuteroundecyltri-methylammoniumbromid wurden SERS-Spektren an mikrokristallinen Silberoberflächen in wässrigen Lösungen erhalten. Dabei wurden Messungen bei verschiedenen Konzentrationen (<, > CMC) und unter-schiedlichen Elektrodenpotentialen (0 bis -1400mV) durchgeführt (alle Potentialangaben beziehen sich auf die gesättigte Ag/AgCl-Elektrode, deren Potential gegen die Standardwasserstoffelektrode bei 25°C +197mV beträgt).

5.2.2 Ergebnisse und Diskussion

Beim Vergleich der Spektren (siehe Anhang) fällt auf, daß sich die SERS-Spektren erheblich von den Raman-Feststoffspektren der entsprechenden Verbindungen unterscheiden. So werden die SERS-Spektren im wesentlichen von drei Banden dominiert:

- die totalsymmetrischen Schwingung der Trimethylammoniumgruppe R_{Td} 756 $\pm$ 4cm^{-1} (700 und 697cm^{-1} bei den Verbindungen Hexadecyl- und Heptyl-tris-(trideuteromethyl)-ammoniumjodid)

- die CH$_2$-scissoring Schwingung im Bereich von 1450 - 1460cm^{-1}

- ein breiter, sehr intensiver, unterschiedlich strukturierter Bereich der C-H Streckschwingungen zwischen etwa 2850 und 2970cm^{-1} (bei den deuterierten Verbindungen zu etwa 2070 bis 2270cm^{-1} verschoben).

Daneben können weitere Banden auftreten, die aber in der Regel von geringer Intensität sind. Hier spielen die zahlreichen Einflußgrößen eine Rolle, die beim Vorbehandeln der Elektrode auftreten.

Durch die neuen Auswahlregeln der SERS-Spektroskopie gegenüber der Ramanspektroskopie von Feststoffen oder Lösungen, hat die Intensität einer Bande im Feststoffspektrum keinen Einfluß darauf, ob diese Bande auch im SERS-Spektrum erscheint. So sind in den SERS-Spektren überwiegend die intensiven Banden der CH_2 twisting Schwingung ($1302 \pm 6cm^{-1}$), die hochenergetische Bande der Methyl Streck- und Deformationsschwingung der Trimethylammoniumgruppe (1471.6 ± 3) und $3017 \pm 6cm^{-1}$) sowie die C-C Schwingungen bei 1063.8 ± 4 und $1152 \pm 4cm^{-1}$ von geringer Intensität oder fehlen gänzlich (Abb.9, 10).

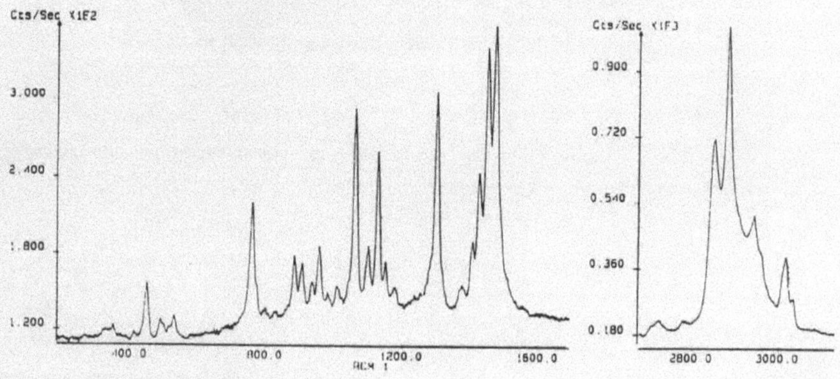

Abb.9: Raman-Feststoffspektrum von Hexadecyltrimethylammoniumbromid (Anhang: V.1, 2)

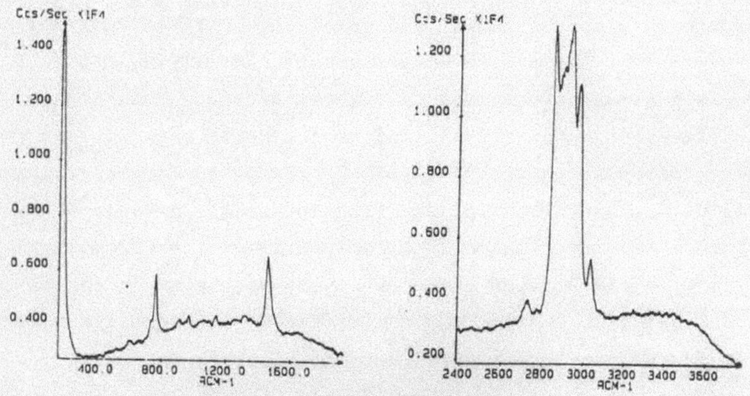

Abb.10: SERS-Spektrum von Hexadecyltrimethylammoniumbromid,
Konzentration: 0.001mol/l, KCl: 0.01mol/l, Elektrodenpotential:
-430mV (Anhang: VI.11, 12)

Für die Banden der C-C Schwingungen und der CH_2 twisting
Schwingung wird versucht, in Kapitel 6 eine Erklärung zu geben.
Unter Berücksichtigung des bei den Feststoffspektren über die
hochenergetischen Banden der Trimethylammoniumgruppen gesagten,
bietet sich eine Erklärung an, warum diese Banden mit sehr viel
geringerer Intensität oder überhaupt nicht im SERS-Spektrum
beobachtet werden können. Dort wurde gesagt, daß diese Banden aus
der Positionierung der Gegenionen im Kristallverband unter Auf-
hebung der Äquivalenz der Trimethylammoniumgruppe herrühren. Wenn
es in der Adsorptionsschicht eine andere Beweglichkeit oder Frei-
heit der Anordnung von Trimethylammoniumgruppe und Gegenion gibt
als im Kristallgitter - was wahrscheinlich ist - sollte man erwarten, daß die Nichtäquivalenz der Methylgruppen geändert oder
aufgehoben wird. Dies sollte sich insbesondere bei den Verbindungen Methyl-, Heptyl- und Hexadecyl-tris-(trideuteromethyl)-
ammoniumjodid im Bereich der C-D Streckschwingungen zeigen, da die
in den Feststoffspektren gefundene Aufspaltung auf die Nicht-

äquivalenz der Methylgruppen zurückgeführt werden kann. Wie die
SERS-Spektren dieser Verbindungen verglichen mit den Feststoffspektren zeigen, liegt eine vergleichbare Aufspaltung der
symmetrischen und asymmetrischen Streckschwingung vor. Die
Verhältnisse der Intensitäten sind jedoch verändert. Während bei
den Feststoffspektren die Bande bei $2263 - 2273 cm^{-1}$ von größter
Intensität ist, ist dies bei den SERS-Spektren die Bande bei 2105
$- 2115 cm^{-1}$. Außerdem sind bei Hexadecy-tris-(trideuteromethyl)-
ammoniumjodid die übrigen Banden von vergleichbarer Intensität und
unterscheiden sich weniger von der intensivsten Bande als das bei
den beiden anderen Verbindungen der Fall ist. Im Unterschied zu
den Spektren der polykristallinen Feststoffe ist also im Bereich
der C-D Streckschwingungen das Intensitätsverhältnis der Banden
bei den SERS-Spektren von der Kettenlänge abhängig. Aus dem Gesagten folgt, daß in der Adsorptionsschicht die Moleküle eine
andere Geometrie einnehmen müssen als im Feststoff.

5.2.3 Wellenzahlenverschiebung gegenüber den Feststoffspektren

Wie der Vergleich der Feststoffspektren mit den SERS-Spektren
zeigt, treten im Bereich der Deformations- und Gerüstschwingungen
$(400 - 1600 cm^{-1})$ keine charakteristischen Abweichungen der
Bandenlagen auf (R_{Td}(fest/SERS): 756 ± 4 / 758 ± 6). Daraus kann
gefolgert werden, daß sich die Moleküle in der Adsorptionsschicht
in unverändertem Zustand befinden und nicht chemisobiert sind. Im
Bereich der C-H Streckschwingungen sind die in den Feststoffspektren breiten und sich teilweise überlappenden Banden der CH_2
und CH_3 Gruppen durch unterschiedliche Möglichkeiten der Adsorption so verbreitert, daß sich keine exakten Aussagen über
mögliche Verschiebungen gegenüber den Feststoffspektren machen
lassen. Hier kann man nur mit der Methode des "curve-fitting"
aussagekräftige Ergebnisse erhalten. Für die C-D Streckschwingungen der Tris-(trideuteromethyl)-ammoniumalkane findet

sich, aufgrund der Verschiebung aus dem spektroskopischen Bereich der C-H Streckschwingungen zu tieferen Wellenzahlen eine gute Übereinstimmung der Bandenlagen zwischen SERS und Feststoffspektrum.

5.2.4 Potentialabhängigkeit

Als Beispiel werden wir die Spektren von Octyltrimethyl-
ammoniumnbromid (II.1 - 22) betrachten:
Nach Beendigung des Oxidations/Reduktionscyklus (Spektrenserie II.3 - 6) tritt eine intensive Bande bei 150 - 160cm^{-1} auf, die der Ag - Br Schwingung auf der Oberfläche zugeordnet werden kann. Es fällt auf, daß die Intensität dieser Bande mit den Intensitäten der anderen Banden (R_{Td}, CH_2 scissor, C-H Streck) weitgehend konform geht. Dabei findet sich ein Maximum der Intensität über einen Potentialbereich von -600 bis -1200mV. Es kann also mit Sicherheit gefolgert werden, daß das Molekül mit Gegenion über den gesamten Potentialbereich von -100 bis -1400mV adsorbiert ist. Da der Ladungsnullpunkt in diesen Systemen zwischen -600 und -800mV liegt, muß demnach das positive Molekül mit negativem Gegenion sowohl an der positiven als auch der negativen Oberfläche adsorbiert sein. Der Zusatz von Cl^- zeigt keine Ag - Cl Ober-
flächenschwingung im Bereich von 240cm^{-1}, d.h., daß die Ad-
sorptionsschicht nicht vom zugesetzten Cl^- penetriert werden kann. Die bei Octyltrimethylammoniumbromid (II.5, 6) vorhandene Inten-
sitätsabnahme zu negativeren Potentialen (<-1000mV) konnte bei einer Konzentration von 0.1mol/l nur bei dieser Kettenlänge beobachtet werden (Messungen an Hexyltrimethylammoniumbromid wurden bei dieser Konzentration nicht durchgeführt). Von Decyltrimethyl-
ammoniumbromid an haben Tensidlösungen dieser Konzentration ein Maximum der Intensität im Bereich von -1300 bis -1400mV, also bei negativ geladener Oberfläche. Die beginnende Wasserstoffentwicklung läßt keine Messungen bei tieferem Potential zu. Bei

geringerer Konzentration tritt der bei Octyltrimethylammoniumbromid beobachtete Effekt der Intensitätsverringerung bei negativem Potential auch bei höheren Kettenlängen wieder auf. Dies
wird durch Vergleich der Spektren III.3, 4 und III.15, 16 am
Beispiel von Decyltrimethylammoniumbromid deutlich. Hexadecyltrimethylammoniumbromid hingegen zeigt den beobachteten Effekt bei
derselben Konzentration nicht. Aus dem Vorliegenden muß demnach
geschlossen werden, daß dieser Effekt von der Kettenlänge und der
Konzentration abhängig ist. Er tritt mit abnehmender Kettenlänge
bei geringerer Konzentration auf. Bei negativ geladener Elektrodenoberfläche sollte das Kationentensid aufgrund der elektro-
statischen Anziehung nicht desorbiert werden. Aus dem Abnehmen der
Intensität der Ag - Br Oberflächenschwingung ist jedoch zu folgern, daß das Gegenion bei negativ geladener Oberfläche, geringer
Konzentration und kurzer Kettenlänge desorbiert wird. Die Desorption des Gegenions induziert demnach unter den genannten
Bedingungen die Desorption des Kationentensids.
Wie die Abhängigkeit der Streuintensität vom Potential zeigt,
handelt es sich hier wirklich um Vorgänge, die sich direkt in den
ersten Adsorptionsschichten abspielen.

5.2.5 Einfluß der kritischen Mizellenkonzentration

Für Lösungen von Octyltrimethylammoniumbromid werden bei
unterschiedlichen Elektrolytkonzentration (0.012, 0.025mol/l NaCl;
0.1 - 0.5mol/l KBr) für die kritische Mizellenkonzentration Werte
in der Größenordnung von 0.22 - 0.269 mol/l angegeben (52).
Vergleicht man die bei einer Lösungskonzentration von 0.1mol/l
(KCl 0.01mol/l) erhaltenen Spektren (II.7 - 14) mit denen der
0.001 molaren Lösungen (II.15 - 21), so erkennt man im Bereich der
Gerüst- und Deformationsschwingungen stets die intensiven Banden
bei 760 und 1460cm^{-1}, die der totalsymmetrischen Schwingung der
Kopfgruppe und der CH_2 scissoring Schwingung der Alkylkette

zugeordnet werden können. Es muß gefolgert werden, daß die kritische Mizellenkonzentration keinen Einfluß auf die Adsorption in der ersten Adsorptionsschicht hat. Bei Konzentrationen, die größer als die kritische Mizellenkonzentration sind, liegt das Tensid zu Mizellen aggregiert in der wässrigen Lösung vor. Die Moleküle, die die Mizellen bilden, stehen jedoch in einem dynamischen Gleichgewicht mit einer gewissen Zahl monomerer Moleküle in der Lösung. Dieses dynamische Gleichgewicht ist der Grund dafür, weshalb auch oberhalb der kritischen Mizellen-konzentration die Ausbildung einer Adsorptionsschicht beobachtet werden kann. Wäre die Mizelle selbst adsorbiert, so könnte nur die Schwingung der Kopfgruppe beobachtet werden. Dies ist wie die Spektren zeigen, nicht der Fall. Dieses Ergebnis kann durch Messungen bei anderen Kettenlängen (Decyl-, Dodecyl-, Tetradecyl-) unter und oberhalb der kritischen Mizellenkonzentration bestätigt werden. Dort finden sich jeweils die besprochenen charakteris-tischen Banden woraus zu folgern ist, daß die Moleküle aus Lösungen größerer und geringerer Konzentration als die kritische Mizellenkonzentration auf der Oberfläche adsorbiert werden.

Um sicherzustellen, daß tatsächlich ober- und unterhalb der kritischen Mizellenkonzentration gemessen wird, wurde für die Verbindungen Dodecyl-, Tetradecyl-, und Hexadecyltrimethyl-ammoniumbromid in Gegenwart von 0.01mol/l KCl die kritische Mizellenkonzentration bestimmt. Hierzu wurde die Oberflächen-spannung unterschiedlich konzentrierter Lösungen gemessen und gegen den Logarithmus der Konzentration aufgetragen. Da die Oberflächenspannung mit zunehmender Tensidkonzentration bis zum Erreichen der kritischen Mizellenkonzentration abnimmt, und dann konstant bleibt, läßt sich aus einer solchen Auftragung der Wert der kritische Mizellenkonzentration ablesen (Abb.:11-13).

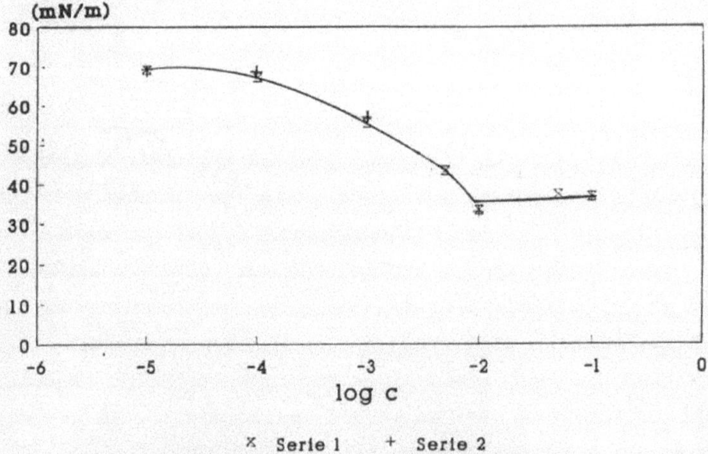

Abb.11: Auftragung der Oberflächenspannung gegen den Logarithmus
der Lösungskonzentration von Dodecyltrimethylammoniumbromid (KCl
0.01mol/l). Serie 1: selbst synthetisiert, Serie 2: Sigma, 99%
CMC: 0.01mol/l

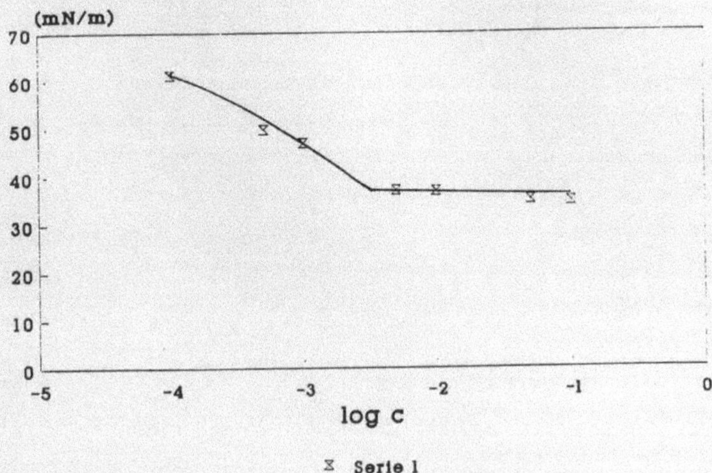

Abb.12: siehe Abb.11, Tetradecyltrimethylammoniumbromid, Fluka 98%
CMC:0.0032mol/l

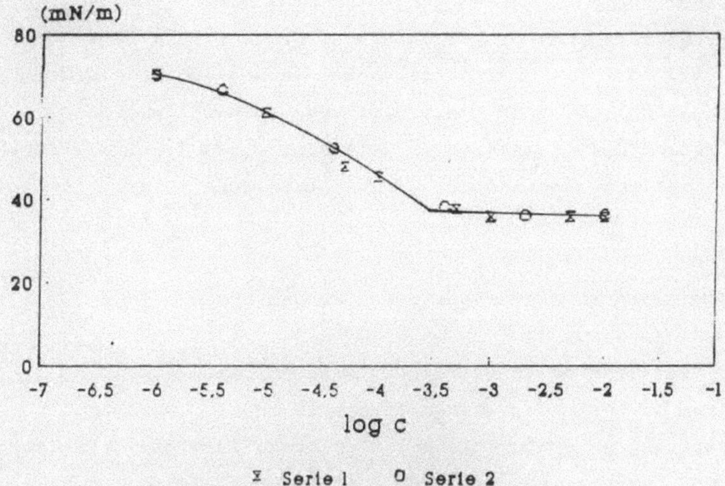

Abb.13: siehe Abb.11, Hexadecyltrimethylammoniumbromid, Serie 1:
selbst synthetisiert, Serie 2: Fluka 98%
CMC: 0.0006mol/l
Es zeigt sich, daß die für die selbst hergestellten Produkte
erhaltenen Werte nicht signifikant von denen, die bei käuflich
erworbenen Produkten erhalten werden, abweichen.

5.2.6 Messung unterhalb der Raumtemperatur

Mit Tetradecyltrimethylammoniumbromid wurden Messungen bei 5°C
und einer Konzentration von 0.0001 mol/l (KCl: 0.1mol/l)
durchgeführt (V.20 - 23). Dabei wurde die Elektrode in reiner
Elektrolylösung (0.1mol/l KCl) auf 5°C vorgekühlt und durch
mehrere Oxidations/Reduktionszyklen aktivert. Anschließend wurde
der Elektrolyt entfernt, und die ebenfalls auf 5°C gekühlte
Tensidlösung zugegeben. Im Spektrum zeigten sich über den
Potentialbereich von -100 bis -700mV Banden bei 754 und 1451cm^{-1},
die der Kopfgruppe und der Alkylkette zuzuordnen sind. Demnach
wurde unter diesen Bedingungen das Tensid an der Oberfläche mit

dem polaren Kopf und der Alkylkette adsorbiert. Die Bande bei $225cm^{-1}$ muß der Ag - Cl Oberflächenschwingung zugeordnet werden. Demnach findet bei hoher Elektrolyt und geringer Tensid-konzentration die Adsorption in Gegenwart eines Elektrolytions als Gegenion des Kationentensids auf der Oberfläche statt.

5.2.7 Messungen in nichtwässrigen Lösungsmitteln

Um Aufschluß über den Einfluß des Lösungsmittels auf die Adsorption zu bekommen, wurden Messungen in nichtwässrigen Lösungsmitteln vorgenommen. Dies war inbesondere von Intresse, weil nicht bekannt war, ob in dem verwendeten Lösungsmittel - Deuteromethanol - SERS möglich ist. Dieses Lösungsmittel wurde gewählt, weil es im spektroskopisch untersuchten Bereich nur eine Bande bei $977cm^{-1}$ aufweist. Mit Tetradecyltrimethylammoniumbromid wurde bei der Konzentration von 0.001mol/l in Deuteromethanol (CD_3OD) in situ Messungen durchgeführt (KCl: gesättigt). Die Spektren (V.24 - 26) zeigen bei -100 und -300mV die Banden der symmetrischen Schwingung der Trimethylammoniumgruppe (R_{Td}: $767cm^{-1}$) und die der CH_2 scisssoring Schwingung ($1463cm^{-1}$) der Alkylkette. Außerdem erkennt man einen breiten Bereich der C-H Streckschwingungen (V.26) zwischen 2850 und $3030cm^{-1}$ (Aus technischen Gründen konnte dieser Bereich nur bei -300mV erfaßt werden. Es ist demnach klar, daß das Tensid auch in einem unpolareren Lösungsmitteln als Wasser an der Oberfläche mit der Trimethylammoniumgruppe und der Alkylkette adsorbiert ist.

5.2.8 Deuterierungseffekte

Wie bereits erwähnt treten bei den Verbindungen Methyl-, Hepty-, und Hexadecyl-tris-(trideuteromethyl)-ammoniumjodid in den SERS-Spektren (Konzentration 0.1mol/l, KCl: 0.01mol/l) im Bereich von

2070-2270cm^{-1} die Banden der C-D Streckschwingungen auf (Abb.14).

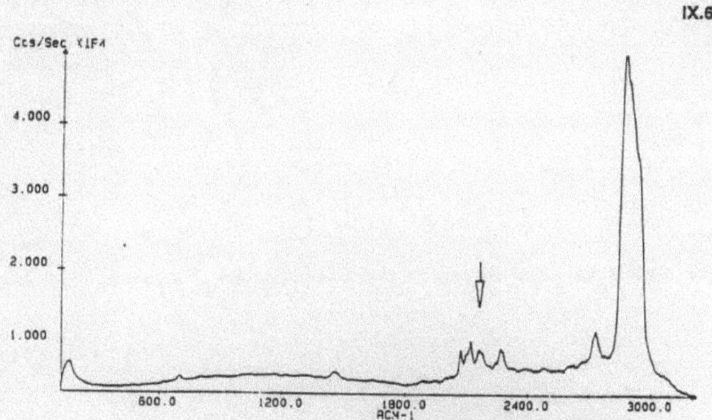

Abb.14: SERS-Spektrum von Hexadecyl-tris-(trideuteromethyl)-ammoniumjodid, Konzentration:0.001mol/l, KCl: 0.01mol/l, Potential: -100mV (Anhang: IX.6)

Dabei wird für Methyl-tris-(trideuteromethyl)-ammoniumjodid nur bei -1000mV ein Spektrum erhalten, während bei den anderen Verbindungen diese Banden über einen weiten Potentialbereich, beginnend bei -100mV beobachtet werden können. Bei Hepty-, und Hexadecyl-tris-(trideuteromethyl)-ammoniumjodid tritt außerdem ein breiter Bereich der C-H Streckschwingungen von 2850 bis 2980cm^{-1} auf, der durch eine intensive Bande bei 2850cm^{-1} dominiert wird. Dies ist zweifellos die symmetrische Streckschwingung der CH_2 Gruppen. Aus den Spektren folgt demnach, daß sowohl die perdeuterierte Trimethylammoniumgruppe als auch die Alkylkette auf der Oberfläche adsorbiert ist. Daß von Methyl-tris-(trideuteromethyl)-ammoniumjodid nur bei negativer Elektrodenoberfläche (-1000mV) SERS-Spektren erhalten werden zeigt weiterhin, daß die Alkylkette für die Adsorption bei positivem Elektrodenpotential verantwortlich ist, die bei allen Kettenlängen (C_6 - C_{16}) der untersuchten Trimethylammoniumalkanen beobachtet werden konnte. Bei der Verbindung 11-Deuteroundecyltrimethylammoniumbromid tritt außer der sym-

metrischen Schwingung der Trimethylammoniumgruppe (R_{Td}:756cm^{-1}),
der CH$_2$-scissoring Schwingung (1456cm^{-1}), und den C-H Streckschwingungen (2850 - 3030cm^{-1}) in den SERS-Spektren (Konzentration
0.1mol/l, KCl:0.01mol/l) die Bande der symmetrischen C-D Streckschwingung bei 2171 ± 3cm^{-1} auf (Abb.15).

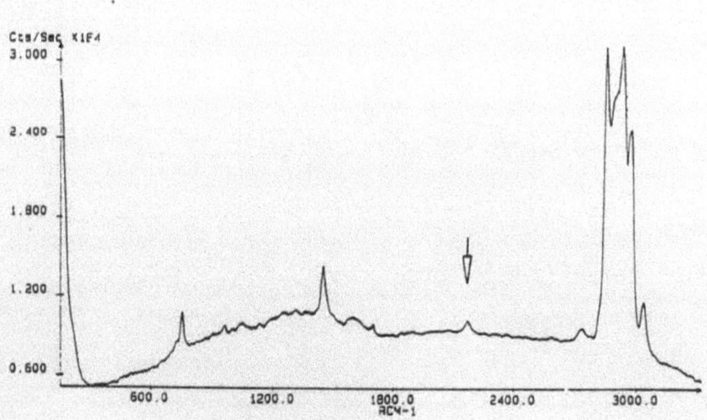

Abb.15: SERS-Spektrum von 11-Deuteroundecyltrimethylammoniumbromid
Konzentration: 0.1mol/l, KCl: 0.01mol/l, Potential: -100mV
(Anhang X.1)

Somit ist klar, daß diese Verbindung mit der Trimethylammoniumgruppe, der Alkylkette und der endständigen Methylgruppe auf der
Oberfläche adsorbiert ist.

6. Allgemeine Betrachtung der Ergebnisse

Über die Adsorption von Tensiden an festen Oberflächen lassen sich mit den hier im Hinblick auf die Aufgabenstellung gezielt hergestellten und mit SERS untersuchten Verbindungen folgende Aussagen treffen:

Das Auftreten der totalsymmetrischen Schwingung R_{Td} der Trimethylammoniumgruppe, der CH_2-scissoring Schwingung, und der C-H Streckschwingungen bei unterschiedlichen Kettenlängen, Konzentrationen, Temperaturen und Oberflächenpotentialen läßt den Schluß zu, daß die Trimethylammoniumgruppe und eine gewisse Anzahl von CH_2- Gruppen auf der Oberfläche adsorbiert sind. Diese Aussage wird durch die SERS- Spektren der Verbindungen Heptyl-tris-(trideuteromethyl und Hexadecyl-tris-(trideuteromethyl)ammonium-jodid gestützt (VIII, IX). Hier findet man die durch die Deuterierung hervorgerufene Verschiebung der symmetrischen Schwingung der Trimethylammoniumgruppe zu $600cm^{-1}$ und die symmetrischen und asymmetrischen Schwingungen der C-D Bindungen ($2070 - 2280cm^{-1}$).
Außerdem tritt ein breiter Bereich der C-H Streckschwingungen ($2800-3000cm^{-1}$) auch bei den deuterierten Verbindungen auf.
Es kann demnach kein Zweifel bestehen, daß das Tensidmolekül mit der Trimethylammoniumgruppe sowie einer gewissen Anzahl CH_2 Gruppen auf der Oberfläche adsorbiert ist.
Um die Frage zu klären, ob auch die Methylgruppe am Kettenende auf der Oberfläche adsorbiert ist, wurde die Verbindung 11-Deutero-undecyltrimethylammoniumbromid untersucht.
Wie die Spektren X.1-4 zeigen, ist deutlich die symmetrische C-D Streckschwingung bei ca. $2170cm^{-1}$ zu erkennen.

Nach den in der Einleitung referierten Ergebnissen sollte im Bereich der kritischen Mizellenkonzentration die Moleküle eine aufrechte Geometrie zur Oberfläche einnehmen. Die kritische

Mizellenkonzentration für Undecyltrimethylammoniumbromid wird mit
0.036mol/l angegeben und sinkt bei einer Kaliumbromidkonzentration
von 0.025 mol/l auf einen Wert von 0.027mol/l (42). Demnach ist
anzunehmen, daß für Undecyltrimethylammoniumbromidlösung mit einer
Kaliumchloridkonzentration von 0.01mol/l Werte in dieser
Größenordnung vorliegen.
Da, wie in der Einleitung dargestellt, bei SERS die wesentliche
Verstärkung im Bereich bis 5Å von der Oberfläche erfolgt, das
Molekül 11-Deutero-undecyltrimethylammoniumbromid aber ca.16Å
(Distanz der entferntesten C-Atome) lang ist, konnte bei einer
Konzentration von 0.1mol/l gezeigt werden, daß das Tensid mit dem
polaren Kopf und der gesamten Alkylkette auf der Oberfläche
adsorbiert ist (Abb.16).

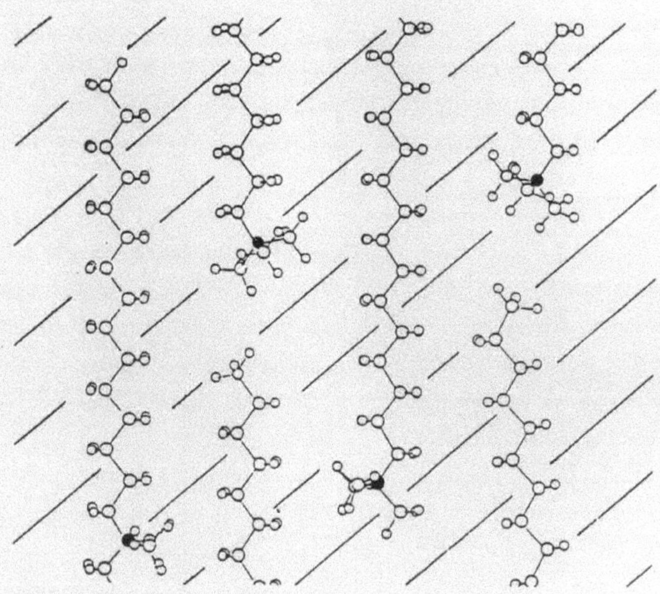

Abb.16: Parallele Adsorptionsgeometrie der Alkylkette einer
Trimethylammoniumverbindung auf einer Oberfläche

Eine solche Orientierung erklärt auch, warum nur bestimmte Banden im SERS-Spektrum erscheinen. Geht man nähmlich davon aus, daß nach Creighton (43) nur Schwingungen besonders verstärkt werden, die sich aufgrund der neuen Auswahlregeln senkrecht zur Oberfläche ereignen, wird klar, warum keine intensiven C-C Schwingungen (1063.8 ± 4, 1152 ± 4cm^{-1}) und keine CH_2 twisting Schwingung (1300 cm^{-1}) beobachtet werden kann. Sowohl bei den C-C Schwingungen wie auch bei der CH_2 twisting Schwingung findet bei paraller Orientierung der breiteren Seite der all-trans Alkylkette zur Oberfläche die Schwingungsbewegung überwiegend parallel zur Oberfläche statt, eine senkrechte Orientierung ist ausgeschlossen, wie Abb.8 zeigt.

Für die CH_2 scissoring Schwingung (Abb.7) erfolgen bei dieser Adsorptionsgeometrie die Schwingungsbewegungen senkrecht zur Oberfläche, weshalb diese Schwingung auch bei den SERS-Spektren beobachtet werden konnte.

Demgemäß kann die für 11-Deuteroundecyltrimethylammoniumbromid bewiesene parallele Adsorptionsgeometrie auf die anderen, teilweise unter anderen Bedingungen spektroskopierten Verbindungen übertragen werden.

Bei negativen Potentialen nimmt die Strukturierung der Spektren zu, so daß auch schwache C-C Banden sowie die aus der gauche Stellung der CH_2 Gruppen herrührende Schwingung der Ammoniumgruppe erkennbar sind. Es scheint eine ungeordnete Geometrie eingenommen zu werden. Die untersuchten Tenside sind dann nicht mehr ausschließlich mit der breiten Seite der Alkylkette parallel zur Oberfläche orientiert.

7. Zusammenfassung

Mit der SERS- Spektroskopie wurde die Adsorption von Tensiden in wässrigen Lösungen an rauhen Silberoberflächen untersucht. Dabei wurden zehn Kationentenside vom Trimethylammoniumtyp mit unterschiedlicher Kettenlänge und zum Teil deuteriert eingesetzt. Die Untersuchungen ergaben folgende Ergebnisse:

1. In der ersten Adsorptionschicht sind die Kationentenside mit der Trimethylammoniumgruppe und der Alkylkette auf der Oberfläche adsorbiert. Dabei ist die breitere Seite der all-trans Alkylkette parallel zur Oberfläche orientiert.

2. Die kritische Mizellenkonzentration hat keinen Einfluß auf das Adsorptionsverhalten in der ersten Adsorptionsschicht. Es können Signale sowohl vom Kopf als auch von der Alkylkette bei Konzentrationen die größer oder kleiner als die kritische Mizellenkonzentration sind, beobachtet werden.

3. Kationentenside vom Trimethylammoniumtyp adsorbieren an positiven Oberflächen in Gegenwart des Gegenions.
Bei großen Kettenlängen und hohen Tensidkonzentrationen bleiben die im Bereich des positiv geladenen Tensidkopfs koadsorbierten Gegenionen auch an negativ geladenen Oberflächen adsorbiert.

4. SERS-Adsorptionsuntersuchungen sind auch in nichtwässrigen Lösungsmittel wie zum Beispiel Deuteromethanol möglich. Bei der Untersuchung von Tetradecyltrimethylammoniumbromid treten die aus den wässrigen Systemen bekannten Adsorptionsverhältnisse auf.

8. Ausblick

Um weitere Ergebnisse über das Adsorptionsverhalten von Tensidmolekülen zu erhalten müßten diese SERS-Untersuchungen auf andere Metalloberflächen ausgedehnt werden.

Die in dieser Arbeit durchgeführten Elektroden/SERS-Messungen sollten auf die Kolloid/SERS-Spektroskopie und die TLC/SERS-Spektroskopie übertragen werden.

Adsorptionsisothermen, die aus der SERS-Spektroskopie erhalten werden können, sollten mit Adsorptionsisothermen aus konventionellen Batchtechniken verglichen werden.

Zudem sollte untersucht werden, ob die in dieser Arbeit erhaltenen Ergebnisse der Kationentensidadsorption sich mit anderen Tensidklassen verifizieren lassen und so die parallele Adsorptionsgeometrie allgemein bewiesen werden kann.

Kinetische Messungen über das Tensidadsorptionsverhalten sind mit der SERS-Spektroskopie und der verwendeten Meßapparatur im Millisenkundenbereich möglich und ergeben Einblicke in die Kinetik der Ausbildung der ersten Adsorptionsschicht.

Außerdem können mit der SERS-Spektroskopie Verdrängungsvorgänge z.B. Dioxin/Tensid an Oberflächen untersucht werden.

Weiterhin kann die Adsorption aus wässrigen Lösungen, die mehrerer Verbindungen (z.B. unterschiedlicher Tenside) enthalten, mit der SERS-Spektroskopie untersucht werden.

Näher geklärt werden sollte, ob die SERS-Spektroskopie in der Tensidanalytik angewendet werden kann.

Ein weiteres Anwendungsfeld der Kolloid/SERS-Spektroskopie liegt im Bereich der Dotierung von Schichtsilikaten mit Metallsolen und der anschließenden SERS-Untersuchung.

Ein weiteres Anwendungsfeld der Kolloid/SERS-Spektroskopie liegt im Bereich der Dotierung von Schichtsilikaten mit Metallsolen und der anschließenden SERS-Untersuchung.

9. Literaturverzeichnis

1. VCI - Verband der chemischen Industrie (1991)

2. Tamamushi, B. and K. Tamaki, 2nd Int. Congr. Surface Activity, London, England, September III (1957) 449

3. Connor, P. and R.H. Ottewill, J. Colloid Interface Sci., 37, (1971) 642.

4. Weber, W.J.Jr., J. Appl. Chem. 14 (1964) 565

5. Zettelmoyer, A.C., V.S. Rao, E. Boucher, and R. Fix, 5th Int. Congr. Surface-Active Substances, Barcelona, Spain, September , III (1968) 613

6. Otto, A. in : Light Scattering in Solids (M. Cardona and G. Guntherodt, eds), Vol. IV, Springer-Verlag, Berlin (1984)

7. Chang R.K. and B.L. Laube, in CRC Critical Reviews in Solid State and Materials Science, Vol. 12, pp. 1-73, CRC Press, Inc., Boca Raton, Florida (1984)

8. Garrell, R.L., Anal. Chem. 61, (1989) 401

9. Garof und Sandroff, Topics in Current Chemistry, Vol. 134, pp. 483, Springer-Verlag Berlin-Heidelberg (1986)

10. Wiesner, J.A., A. Wokaun, H. Hoffmann, Progr. Colloid Polym. Sci. 76 (1988) 271

11. Sun, Soncheng, R.L.Birke and J.R.Lombardi, J.Phys.Chem. 94 (1990) 2005-2010

12. Dendramis, A.L., E.W.Schwinn und R.P.Sperline, Surface Science 134 (1983) 675-688

13. Fleischmannn, M., P.J. Hendra and A.J. McQuillian, Chem. Phys. Lett. 26 (1974) 163

14. Van Duyne, R.P. and D.L. Jeanmaire, J. Elctroanal. Chem. 84, (1977) 1

15. Creighton, J.A. and M.G. Albrecht, J. Am. Chem. Soc. 99 (1977) 5215

16. Seki, H., Journ. El. Rel. Phen. 39 (1986) 289

17. Creighton, J.A., Surf. Sci. 124 (1983) 209

18. Moskovits, M., J. Chem. Phys. 77 (1982) 4408

19. Ertürk, O., C. Pettenkofer, A. Otto, J. of Elektron Spectr. and Rel. Phen. 38 (1986) 113

20. Ertürk, O., J. Eickmanns, C. Pettenkofer, A. Otto, Surf. Sci. 151 (1985) 9

21. Gersten, J. and A. Nitzan, J. Chem. Phy. 73 (1980) 3023

22. Koglin, E. and J.M.Sequaris, Journal de Physique, Colloque C10, supplément au n°12 Tome 44, décembre 1983

23. Roy, D. and T.E. Furtak, J. Elektroanal. Chem. 228 (1987) 229

24. Pockrand, J., Springer tracts in modern physics, Springer, Berlin 1984 Bd.104

25. Ueba, H., Surf. Sc. 131 (1983) 347

26. Arya, K., R. Zeyher, Ed.: Caudano, R., J.M. Gilles, A.A. Lucas, Plenum Press, NY 1982

27. Otto, A., J. Billmann, J. Eickmanns, U. Ertürk, C. Pettenkofer, Surf. Sci. 138 (1984) 319

28. Otto, A., Appl. Surf. Sci. 6 (1980) 309

29. Persson, B. N. J., Chem. Phys. Lett. 82 (1981) 561

30. Ackermann, D., C.H. Holtz, B. Reinwein, Z. Biol. 79, 118; C. 1923 III, 1283

31. Norcross, G. und H.T. Openshaw J. Chem. Soc. London (1949) 1174

32. von Braun, J., Annalen 382 (1903) 26

33. Shelton, C., Mitarb. J. Am. Chem. Soc. 68 (1946) 754

34. Parham, W.E. und E.L. Anderson J. Am. Chem. Soc. 70 (1948) 4187

35. Brown, H.C., J. Am. Chem. Soc., 95 (1973) 1669

36. Kamm, O. and C.S. Marvel, J. Am. Chem. Soc. 42, (1920) 299

37. Scott, A.B. and H.V. Tartar, Am. Soc. 65 (1943) 754

38. Mc Dowell, Kraus, Am. Soc. 73 (1951) 2170

39. Rihak, P., Dissertation, Eidgenossische Technische Hochschule Zürich, (1979)

40. Simon, A. und U. Uhlig, Chem. Ber. 9-10 (1952) 977

41. Snyder, R.G., J.H. Schachtschneider, J. Mol. Spectr. 30 (1969) 290

42. Mukerjee, P., and K.J. Mysels, Critical Micelle Conzentrations of Aqueous Surfactant Systems, NSRDS-NBS 36 (1971)

43. Creighton, J.A., Spectroscopy of Surfaces, Ed.: R.J.H. Clark and R.E. Hester, John Wiley & Sons, (1988) 37

Anhang

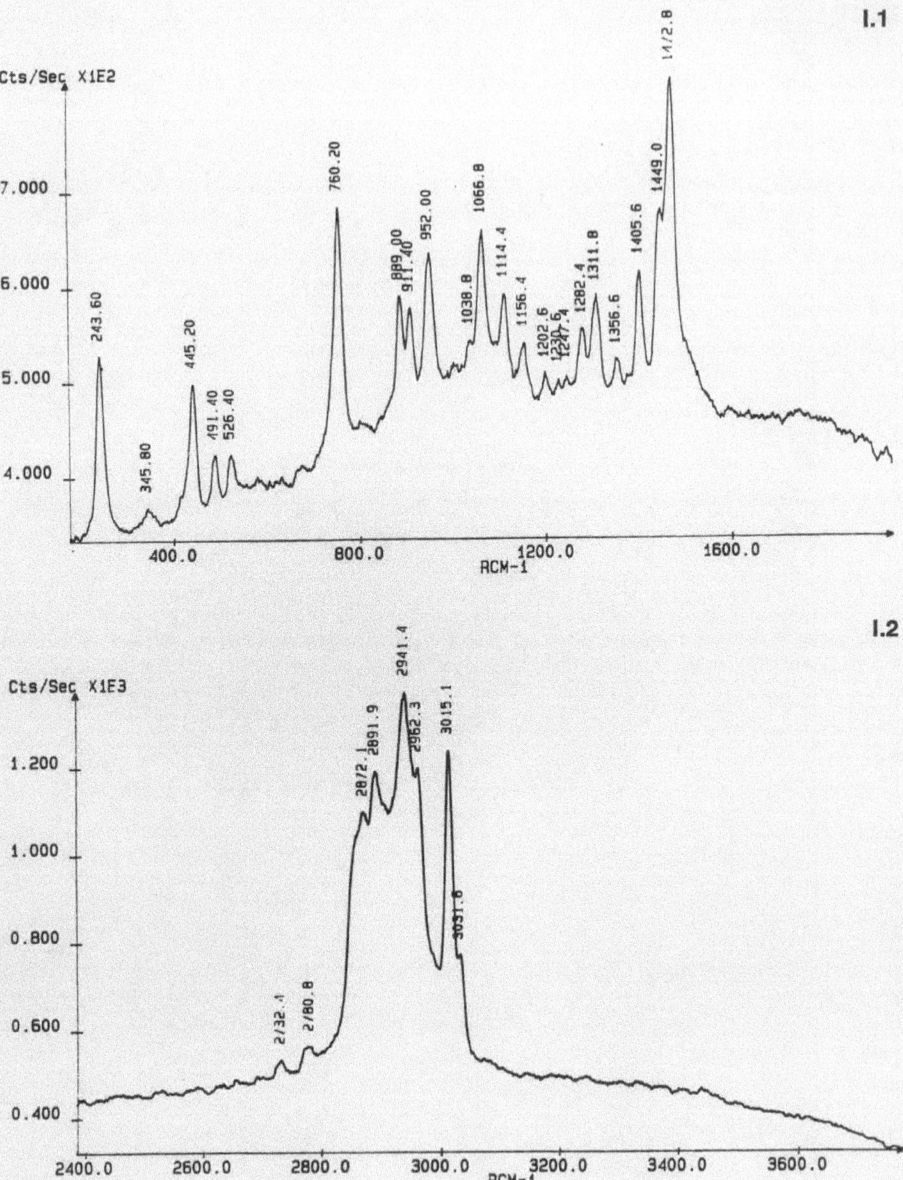

I.1, 2: Hexyltrimethylammoniumbromid polykristallin

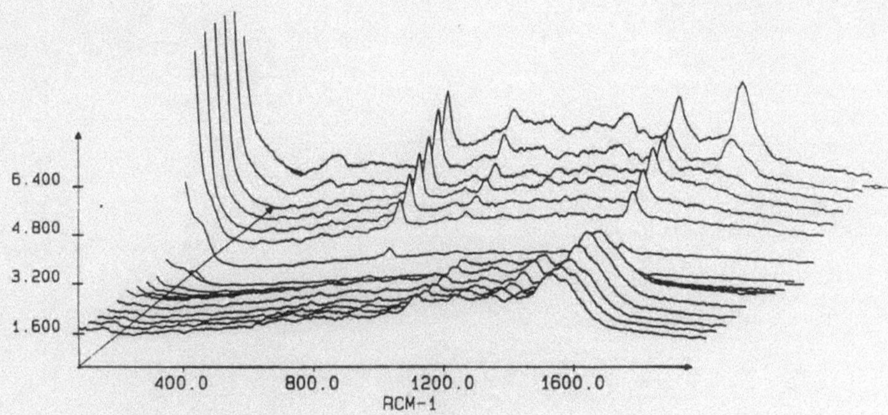

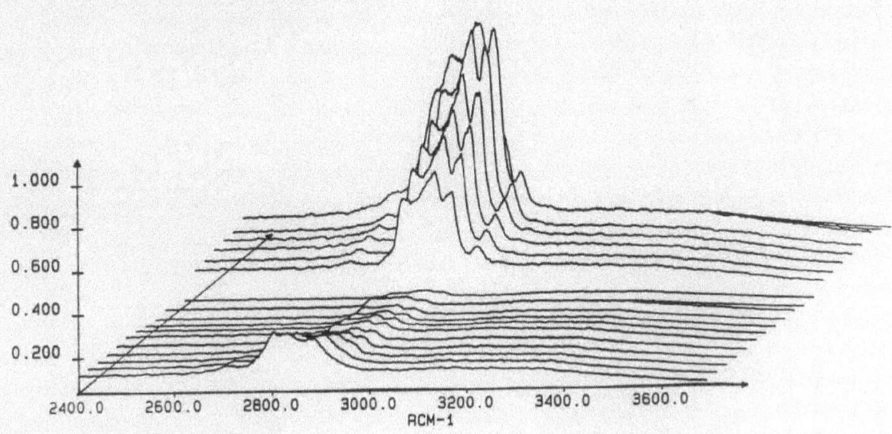

I.3, 4: Hexyltrimethylammoniumbromid: 0.001, KCl: 0.01
Potentialbereich: -1000 - +200 - -1000mV, 2mV/s

Cts/Sec X1E3

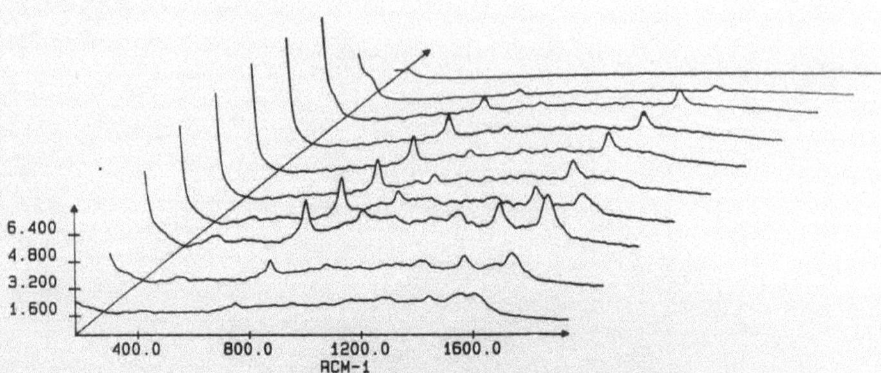

Cts/Sec X1E4

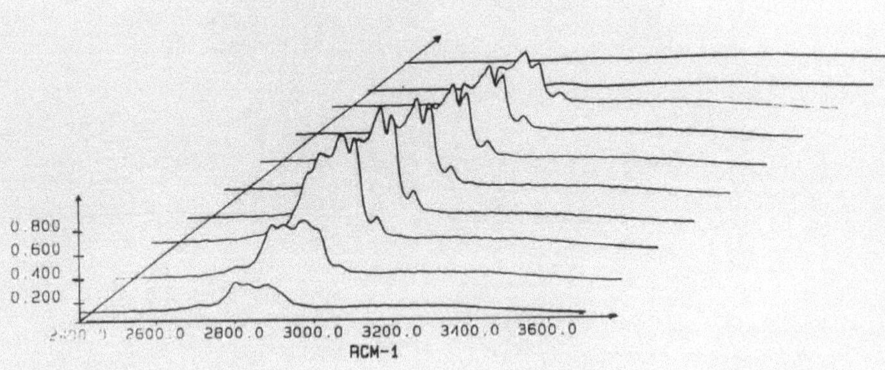

I.5, 6: Hexyltrimethylammoniumbromid: 0.001, KCl 0.01
aus: I.3, 4; Potentialbereich: : -1000 -   +200mV

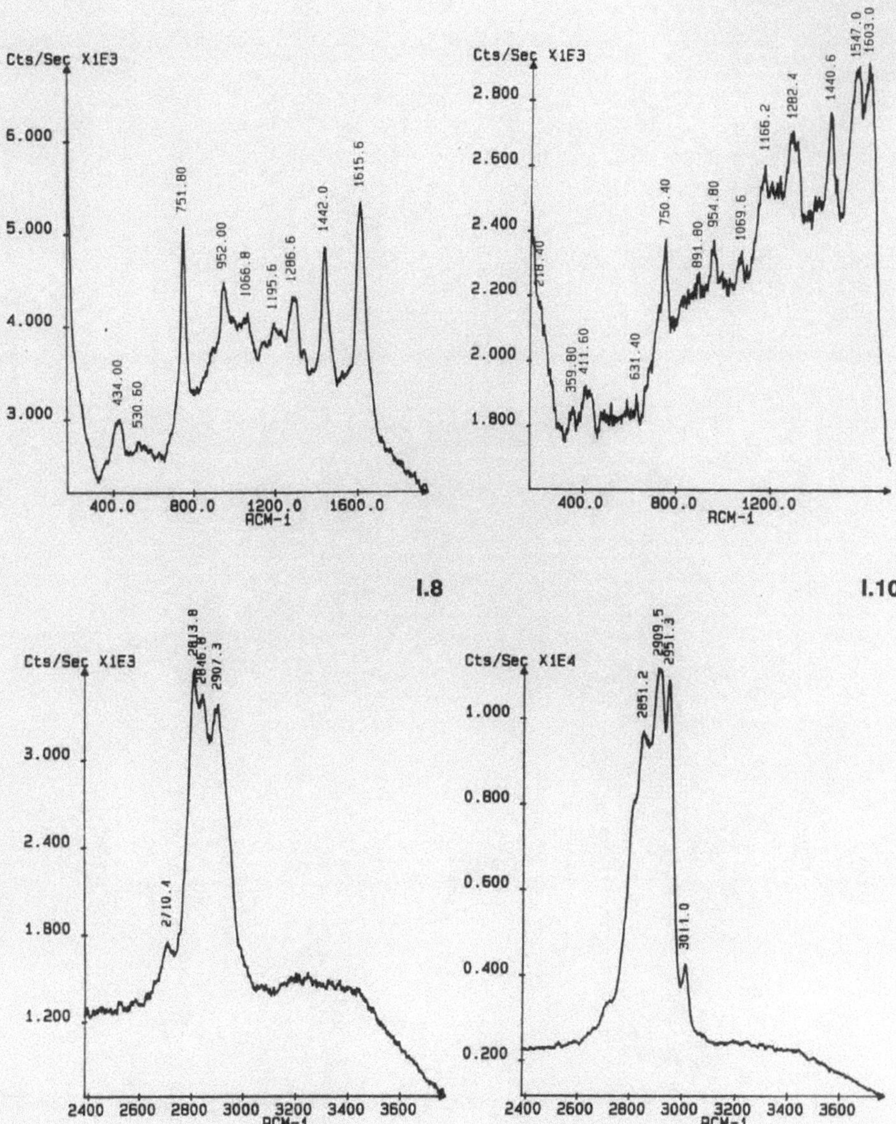

I.7, 8, 9, 10: Hexyltrimethylammoniumbromid: 0.001, KCl: 0.01
aus I.3, 4; I.7, 8: -760; I.9, 10: -1000mV

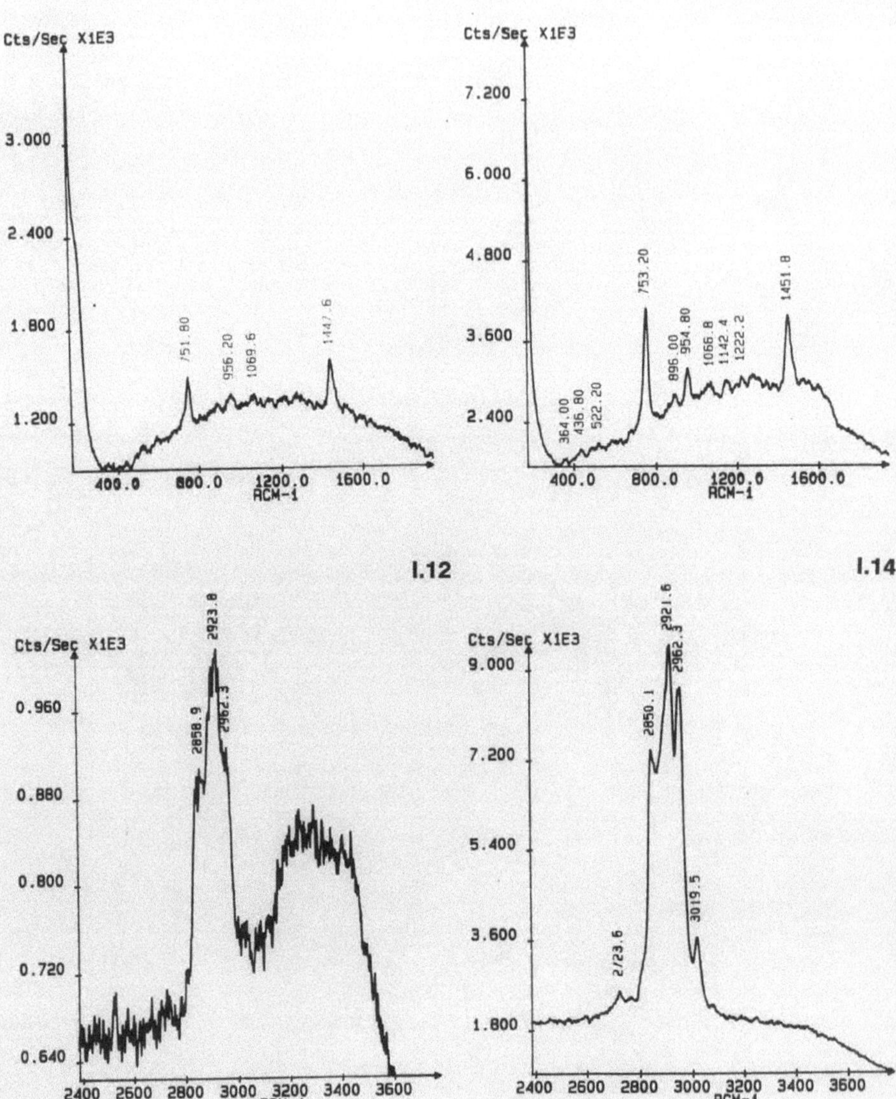

I.11, 12, 13, 14: Hexyltrimethylammoniumbromid: 0.001, KCl: 0.01
aus I.3, 4; I.11, 12: -140; I.13, 14: -520mV

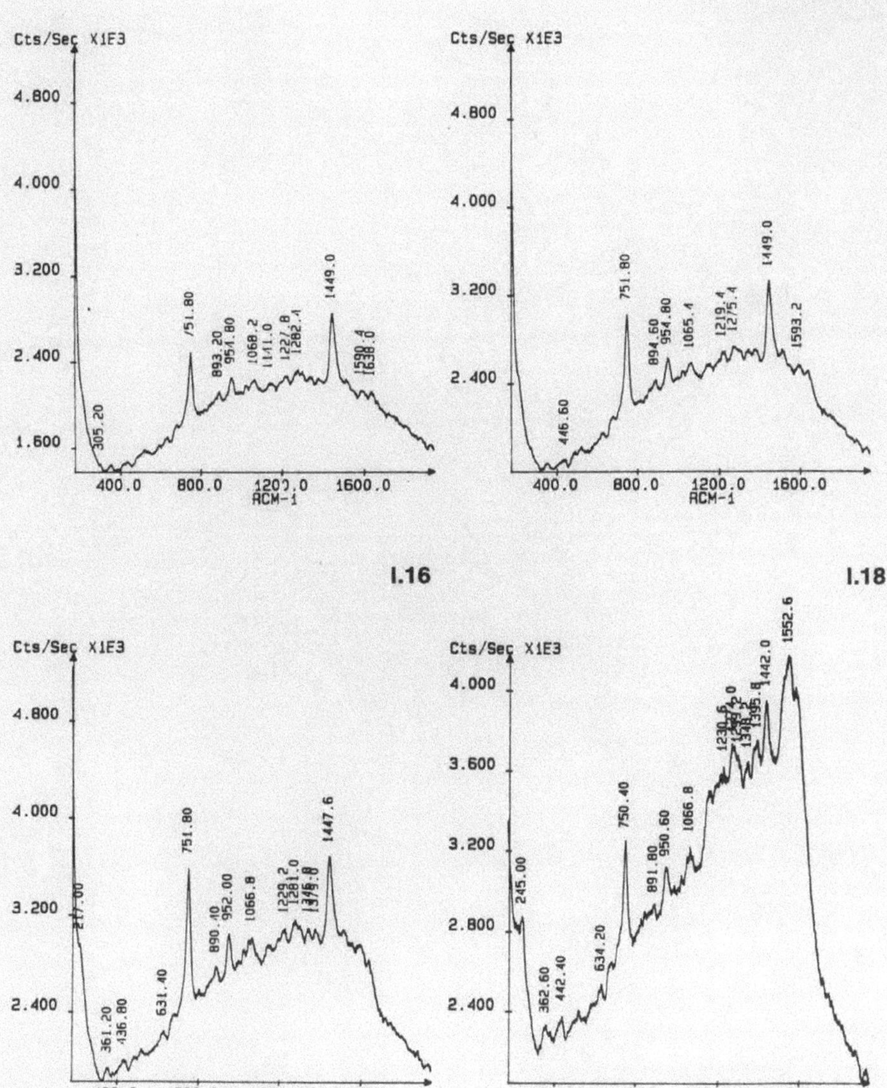

I.15, 16, 17, 18: Hexyltrimethylammoniumbromid: 0.001, KCl: 0.01
I.15: -100; I.16: -300; I.17: -500; I.18: -700mV

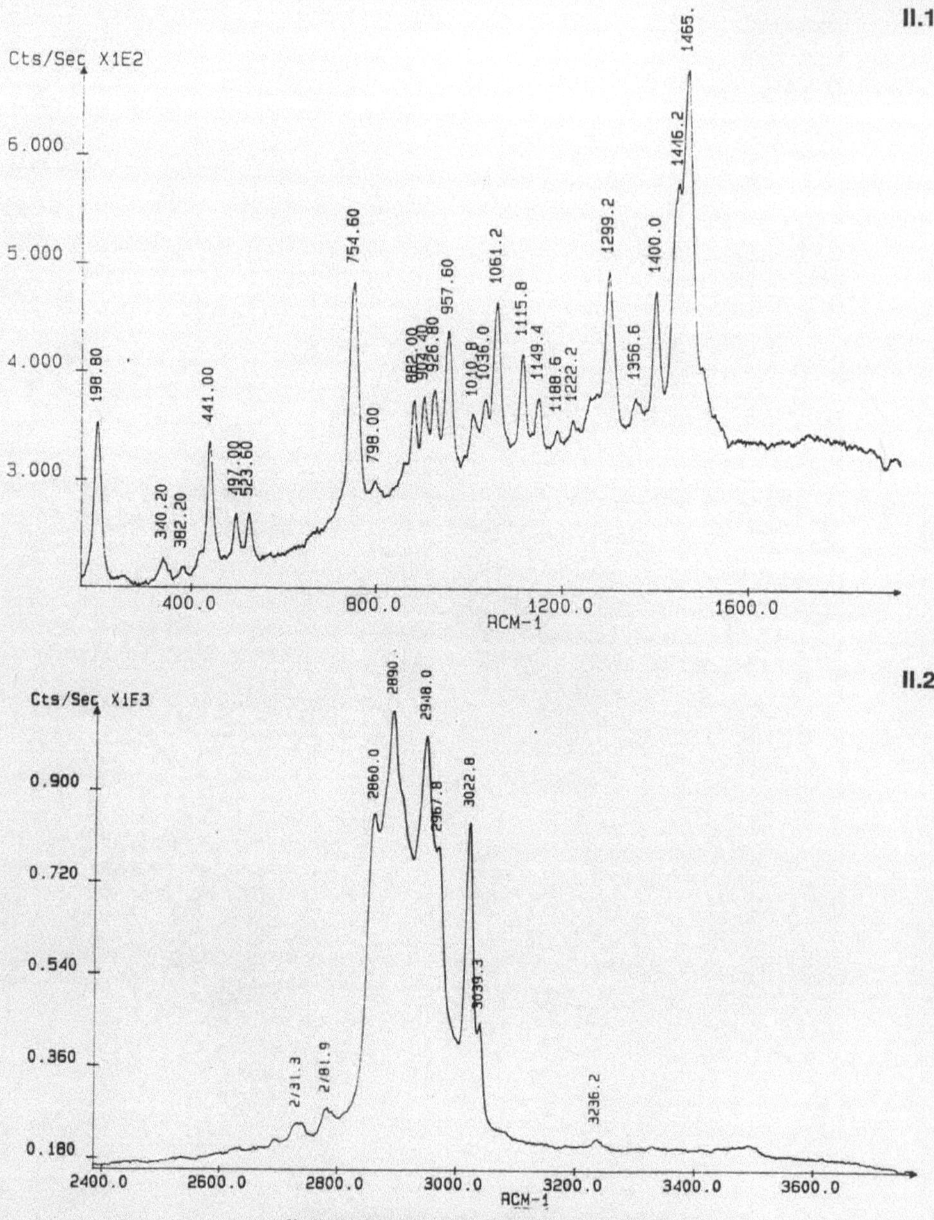

II.1, 2: Octyltrimethylammoniumbromid polykristallin

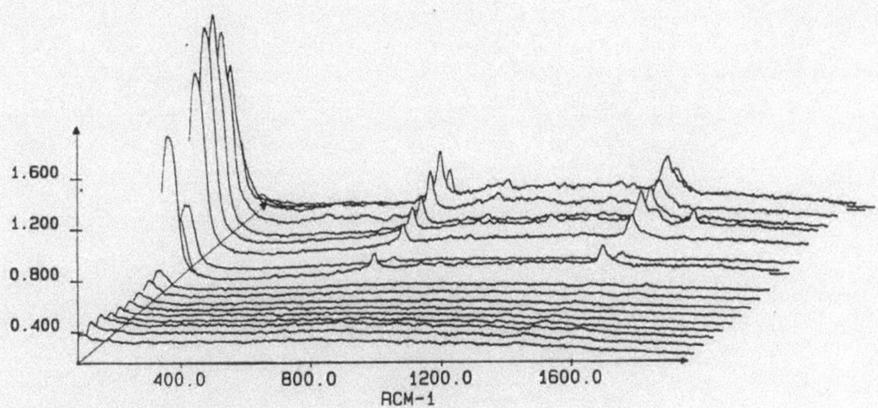

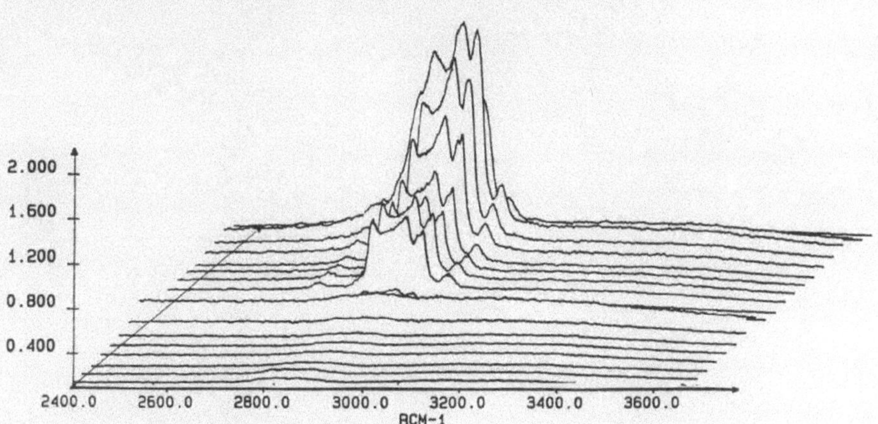

**II.3, 4: Octyltrimethylammoniumbromid: 0.1 mol/l,
KCl: 0.01 mol/l
Potentialbereich: -1400 - +150 - -1400mV**

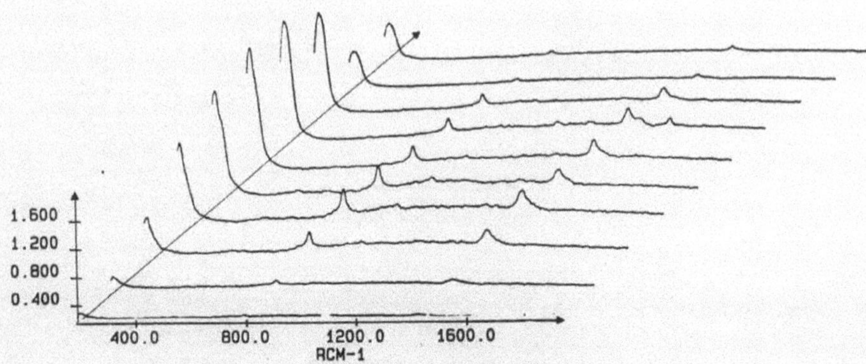

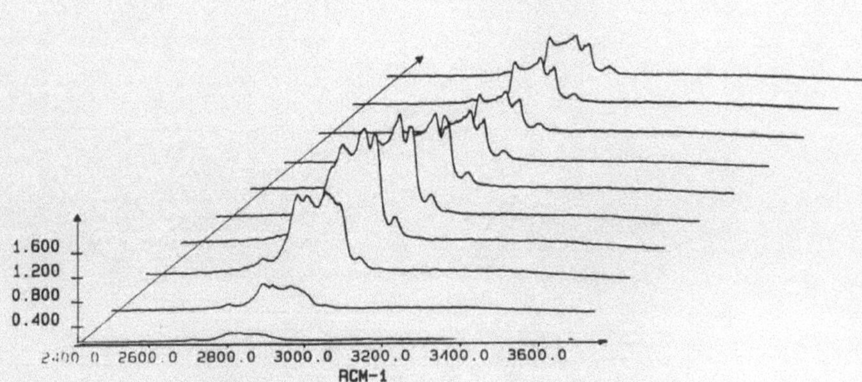

**II.5, 6: Octyltrimethylammoniumbromid: 0.1 mol/l,
KCl: 0.01 mol/l
aus II.3, 4; Potentialbereich: -1400 - +150mV**

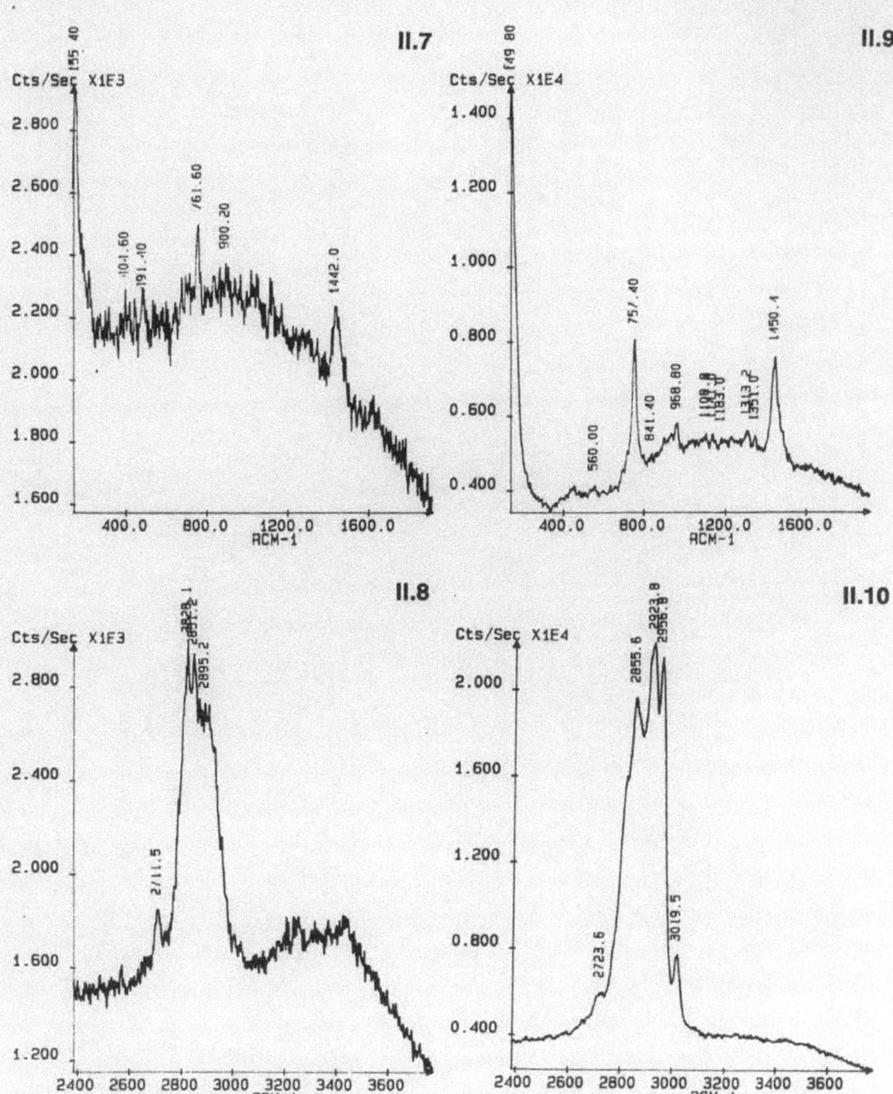

**II.7, 8, 9, 10: Octyltrimethylammoniumbromid: 0.1 mol/l,
KCl: 0.01 mol/l
aus II.3, 4; II.7, 8: -1400; II.9, 10: -935mV**

II.11

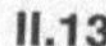

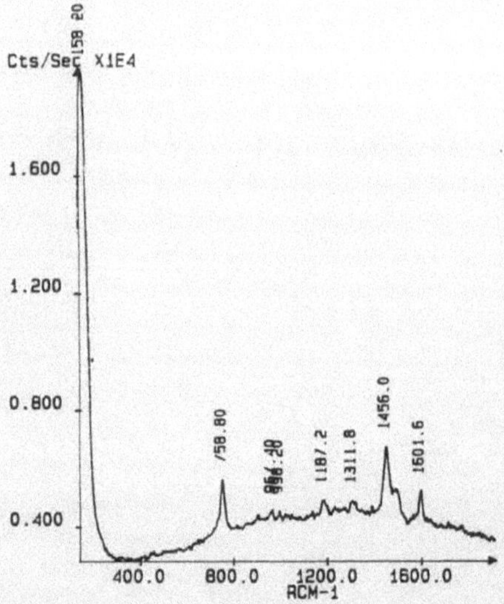

II.13

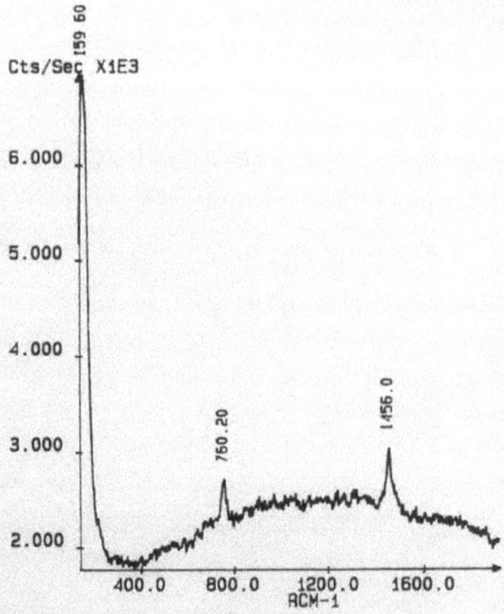

II.12

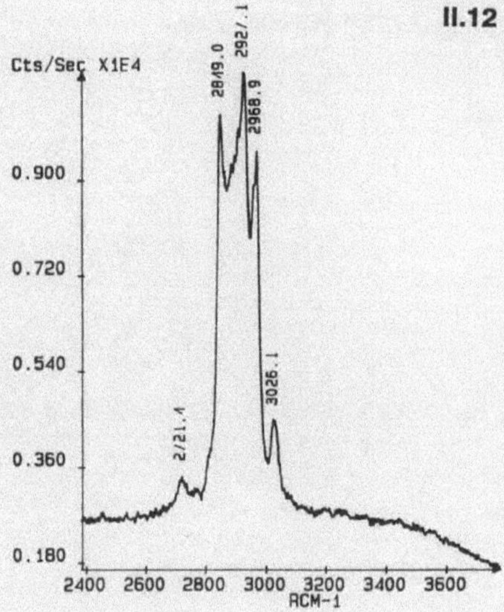

II.14

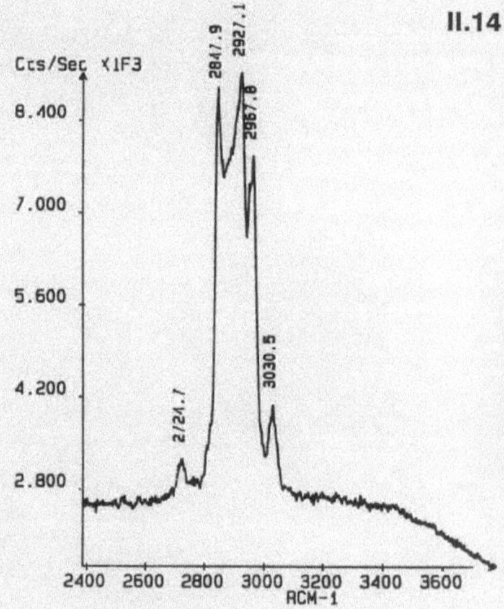

II.11, 12, 13, 14 : Octyltrimethylammoniumbromid: 0.1 mol/l, KCl: 0.01 mol/l
aus: II.3, 4; II.11, 12: -470; II.13, 14: -5mV

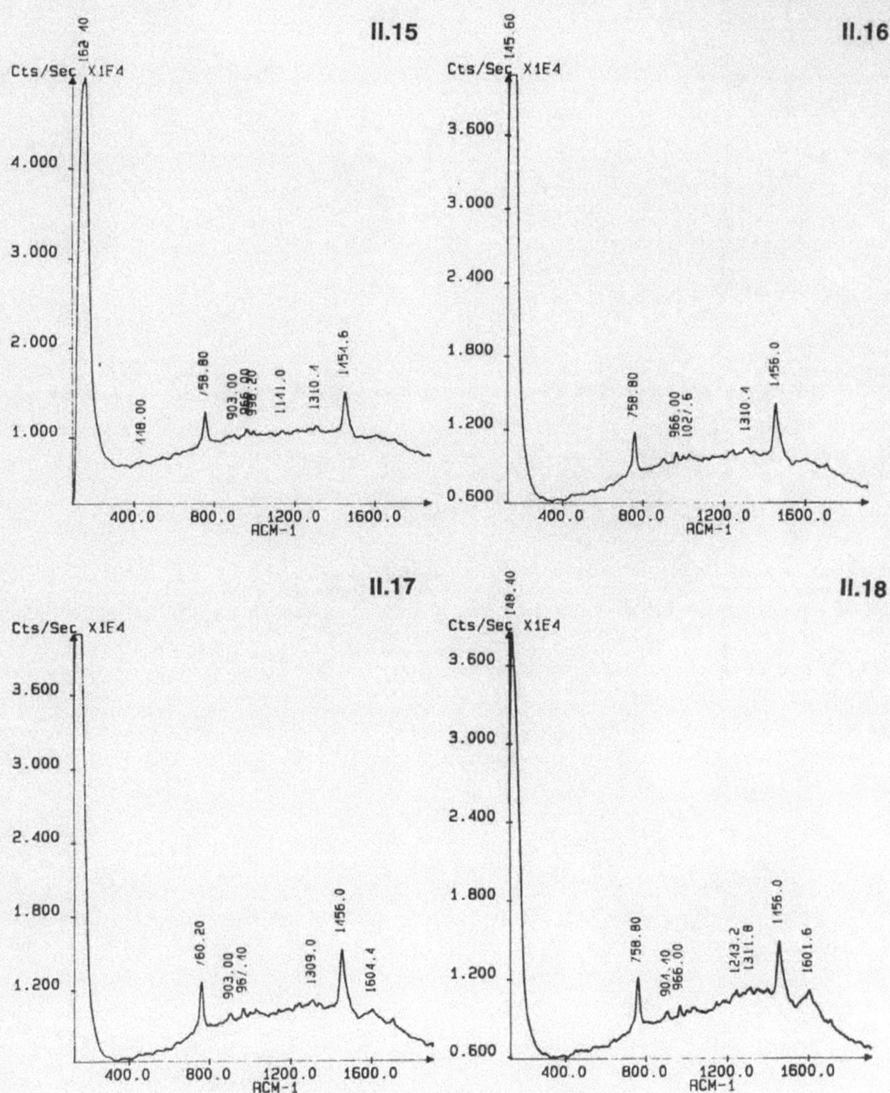

**II.15, 16, 17, 18: Octyltrimethylammoniumbromid: 0.001 mol/l,
KCl: 0.01 mol/l
II.15: -100; II.16: -300; II.17: -500; II.18: -700mV**

II.19

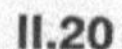

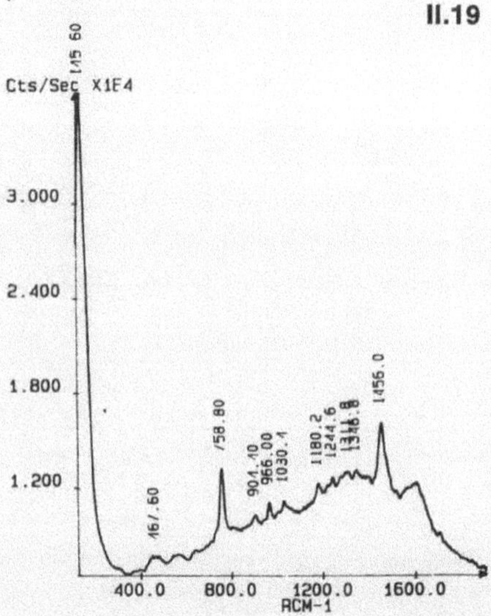

II.20

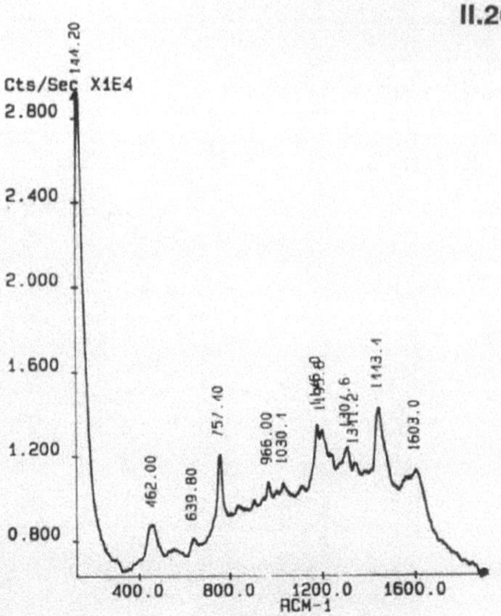

II.21

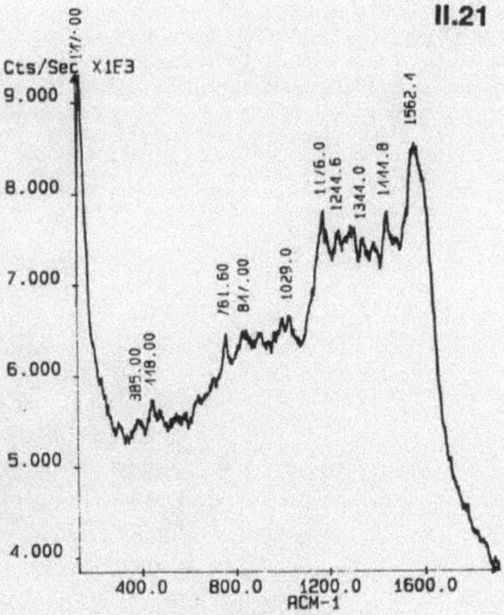

II.19, 20: Octyltrimethylammoniumbromid: 0.001 mol/l, KCl: 0.01 mol/l
II.19: -900; II.20: -1100mV; II.21: -1300mV

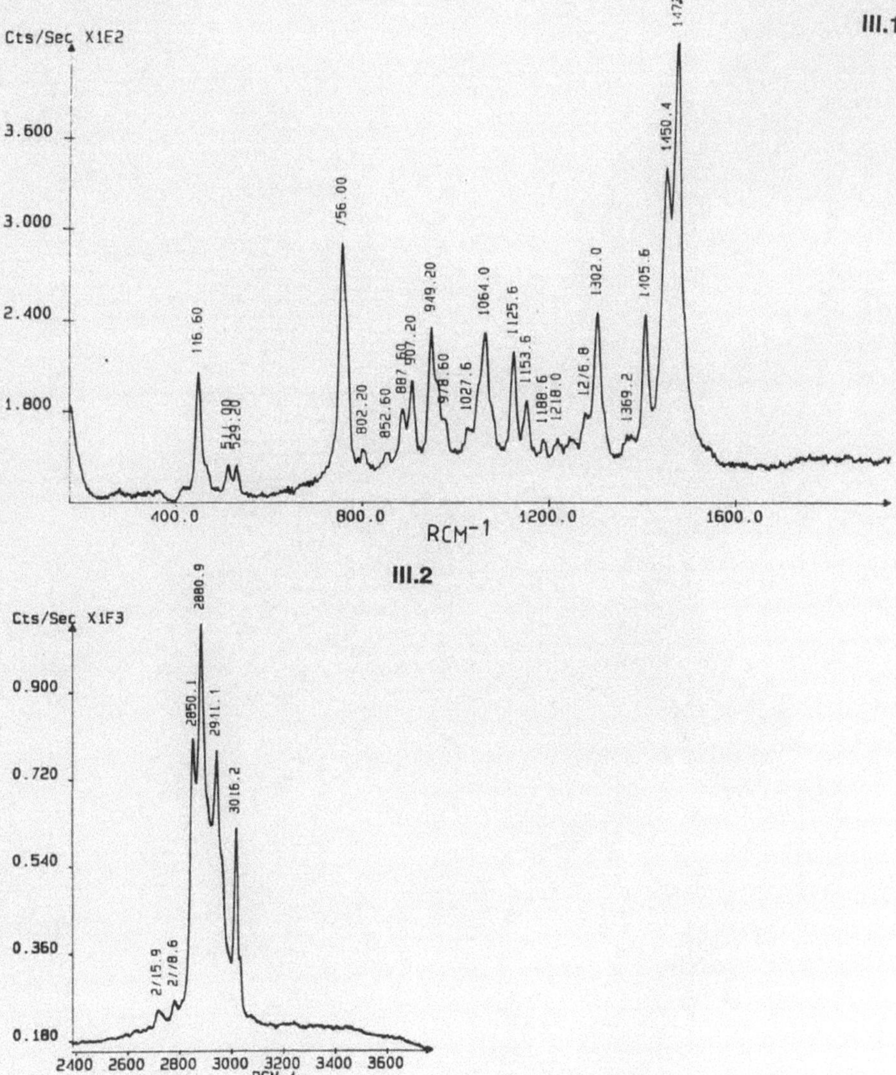

III.1,2: Decyltrimethylammoniumbromid polykristallin

Cts/Sec X1E4

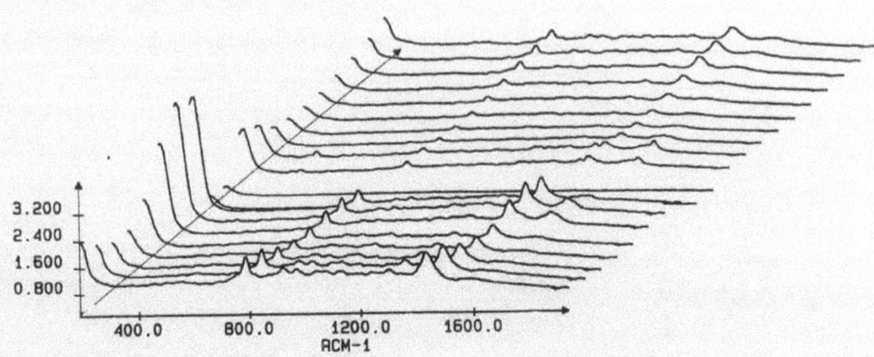

Cts/Sec X1F4

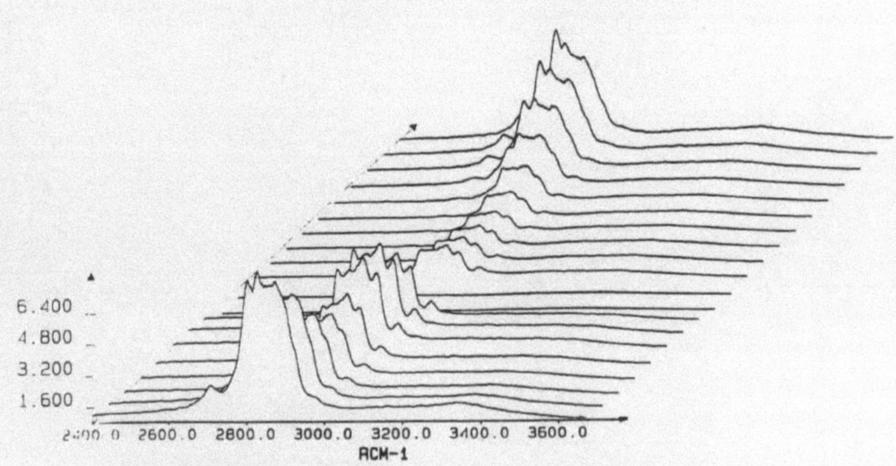

III.3, 4: Decyltrimethylammoniumbromid: 0.1mol/l,
KCl: 0.01mol/l
Potentialbereich: -1300 - +150   -1300mV, 2mV/s

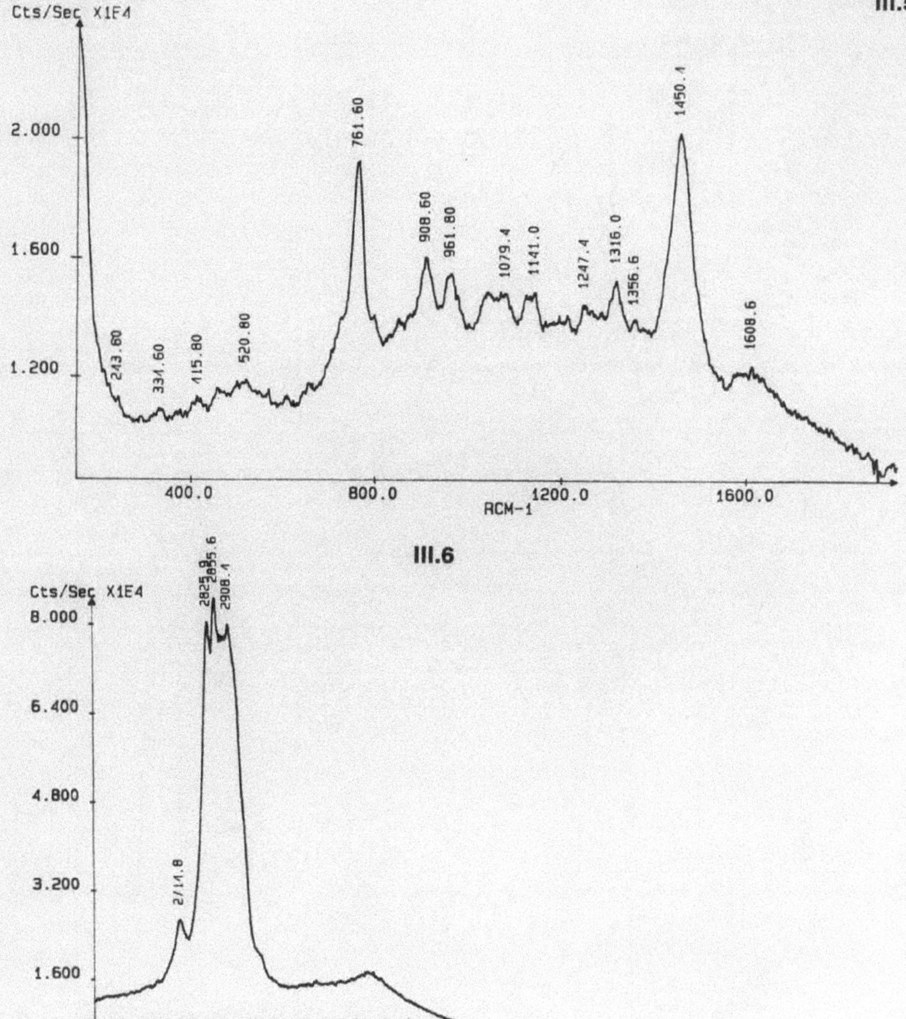

**III.5, 6: Decyltrimethylammoniumbromid: 0.1mol/l,
KCl: 0.01mol/l
aus III.3, 4; III.5,6: -1300mV**

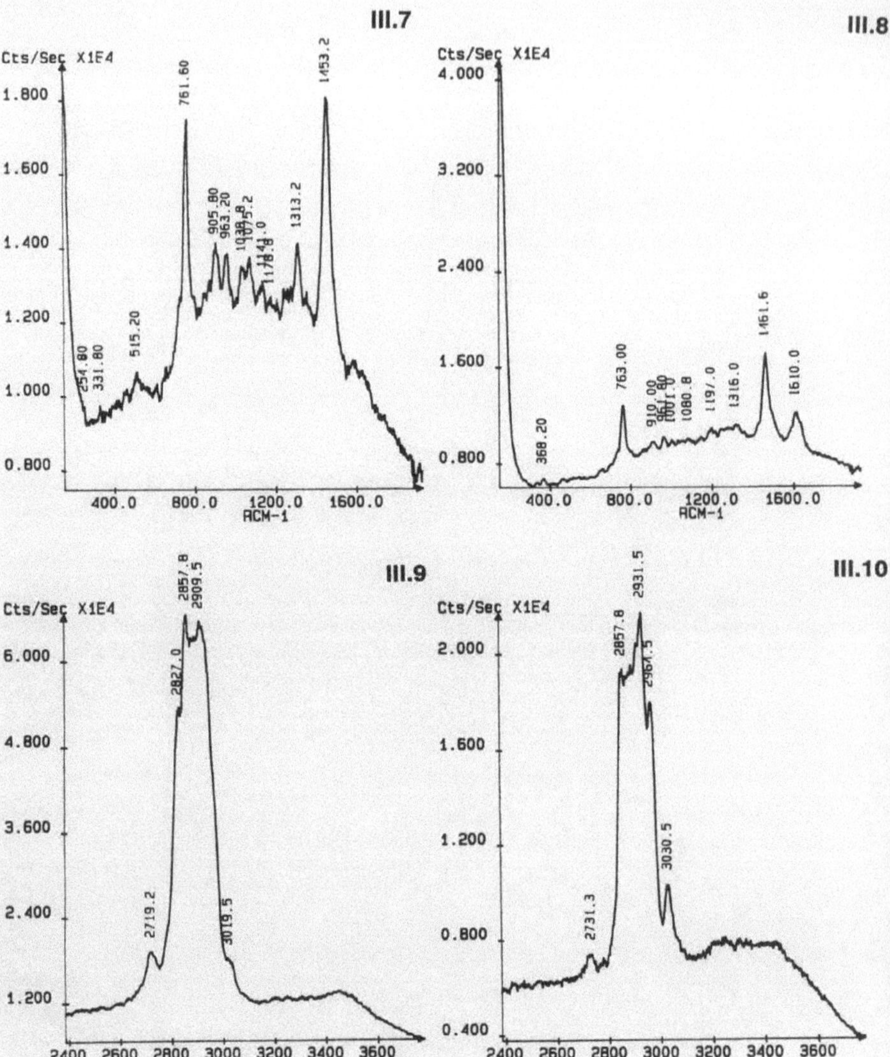

**III.7, 8, 9, 10: Decyltrimethylammoniumbromid: 0.1mol/l,
KCl: 0.01mol/l
aus III.3, 4; III.7, 8: -1155mV; III. 9, 10: -430mV**

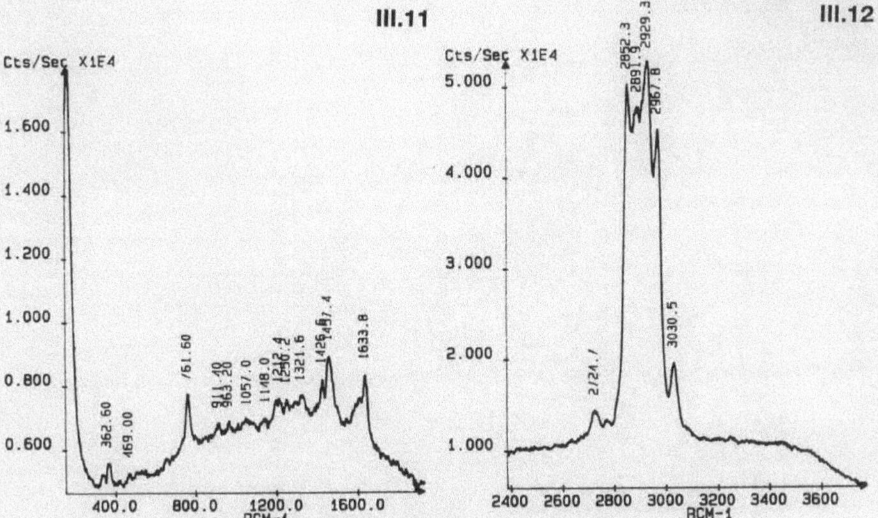

**III.11, 12: Decyltrimethylammoniumbromid: 0.1mol/l,
KCl: 0.01mol/l
aus III.3, 4; III.11, 12: -140mV;**

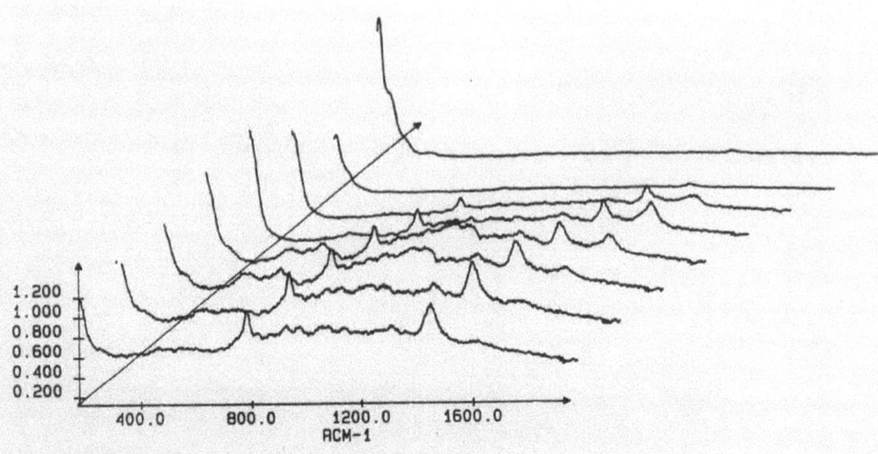

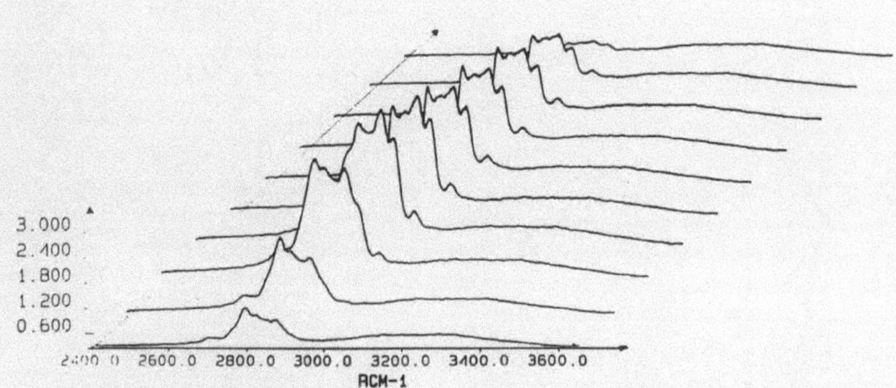

**III.15, 16: Decyltrimethylammoniumbromid: 0.001mol/l,
KCl: 0.01mol/l
aus III.13, 14; Potentialbereich: -1000 - +100mV, 2mV/s**

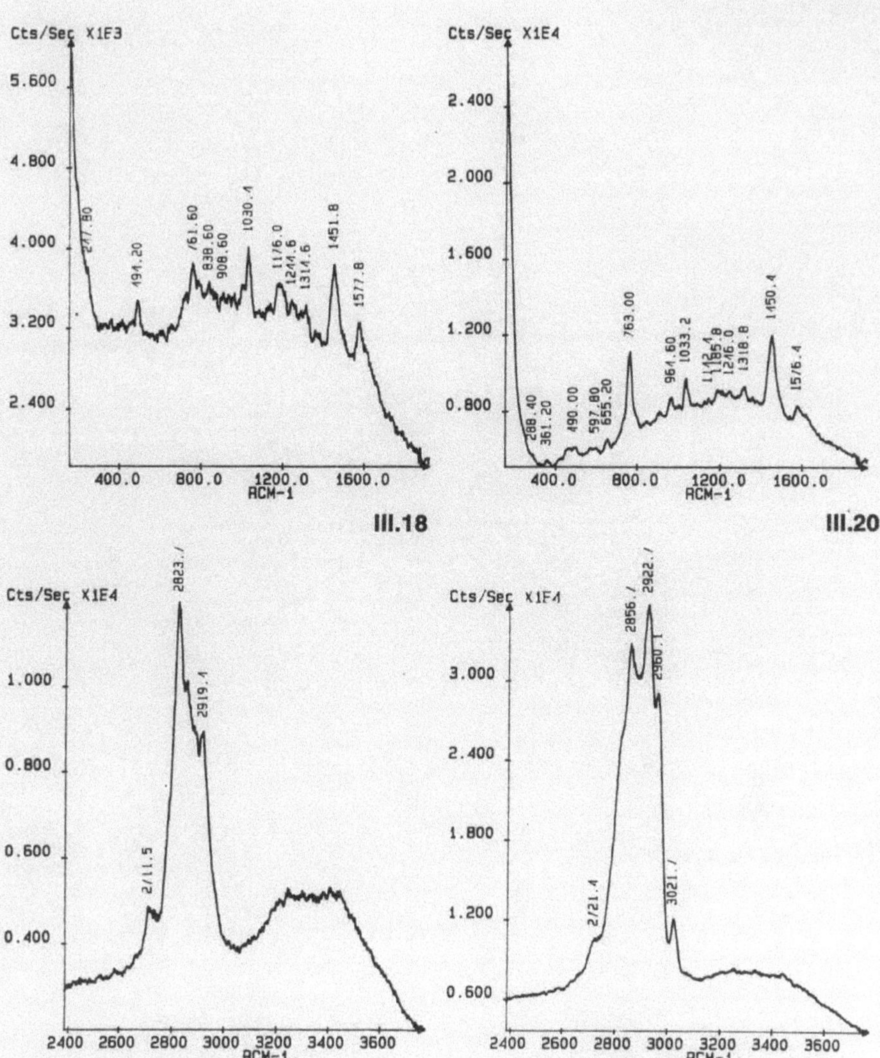

III.17, 18, 19, 20: Decyltrimethylammoniumbromid: 0.001mol/l,
KCl: 0.01mol/l
aus III.13, 14; III.17, 18: -1100mV; III.19, 20: -770mV

III.22

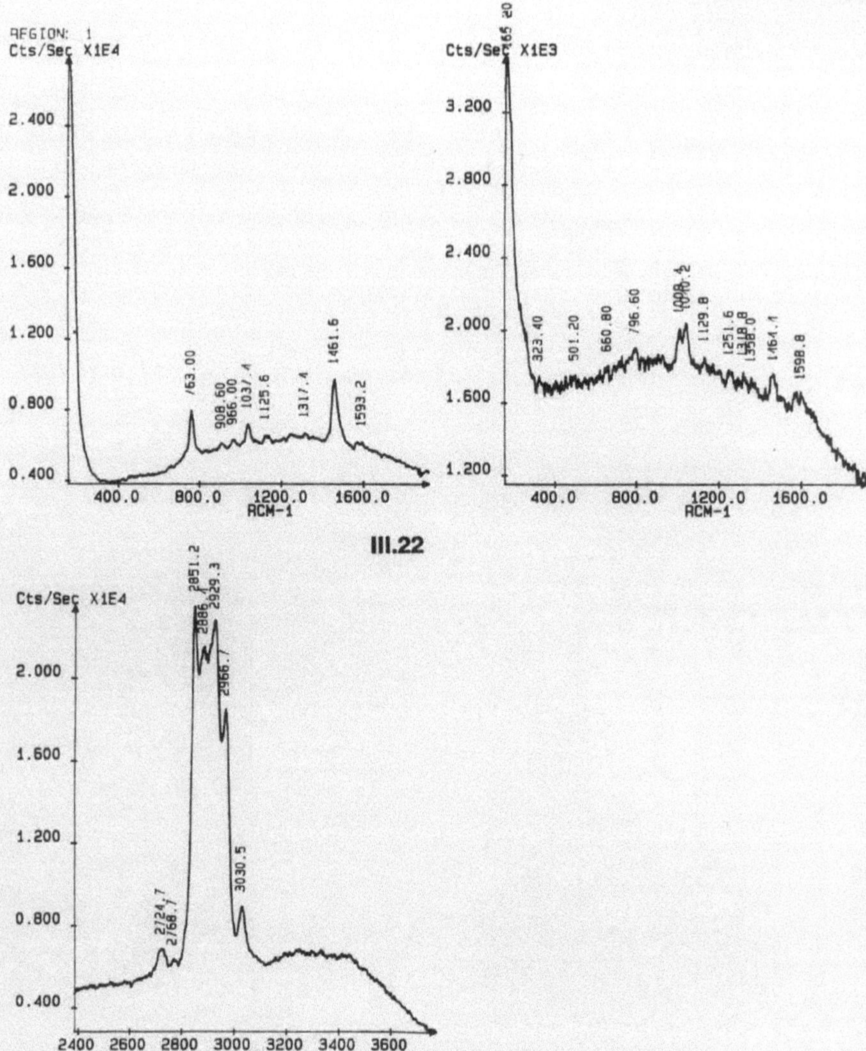

III.21, 22, 23: Decyltrimethylammoniumbromid: 0.001mol/l,
KCl: 0.01mol/l
aus III.13, 14; III.21, 22: -440mV; III.23: -10mV

IV.1

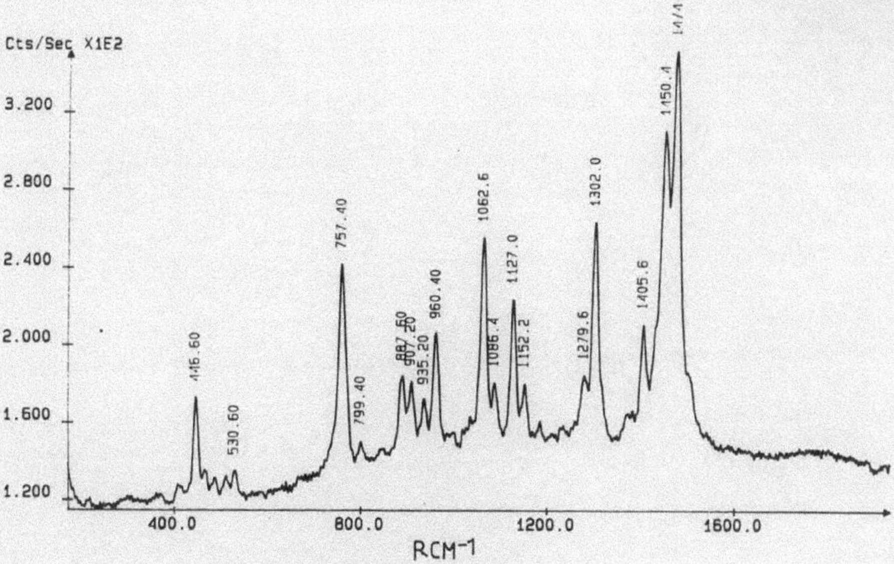

IV.2

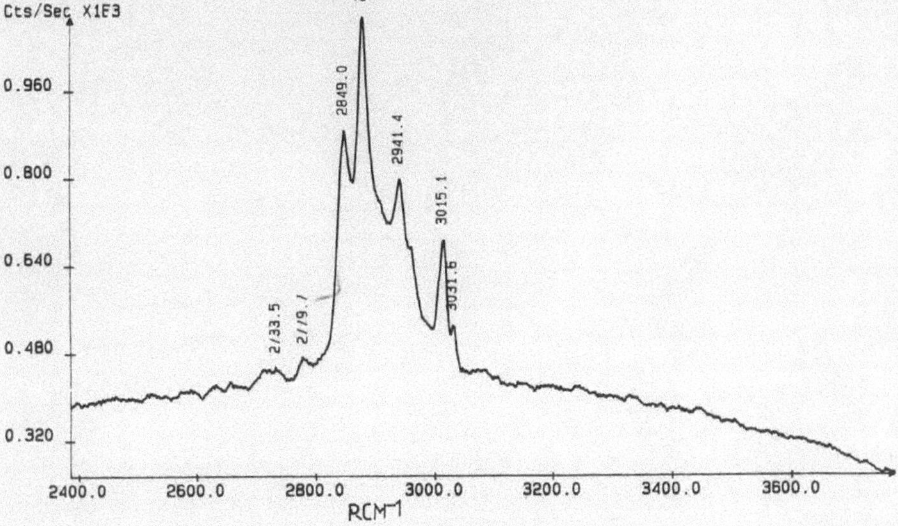

IV.1,2: Dodecyltrimethylammoniumbromid polykristallin

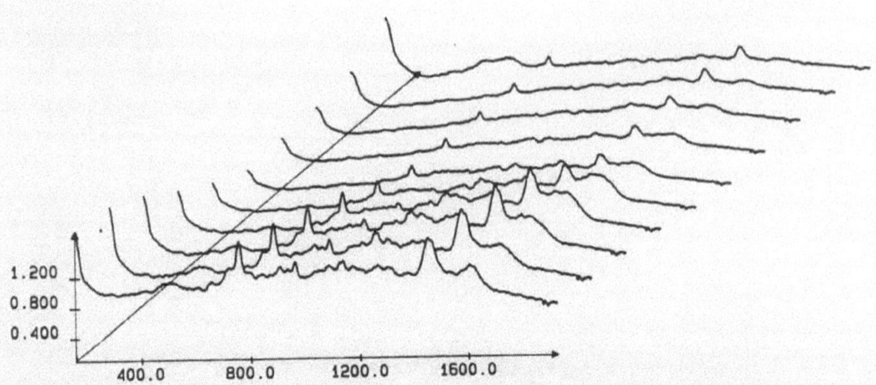

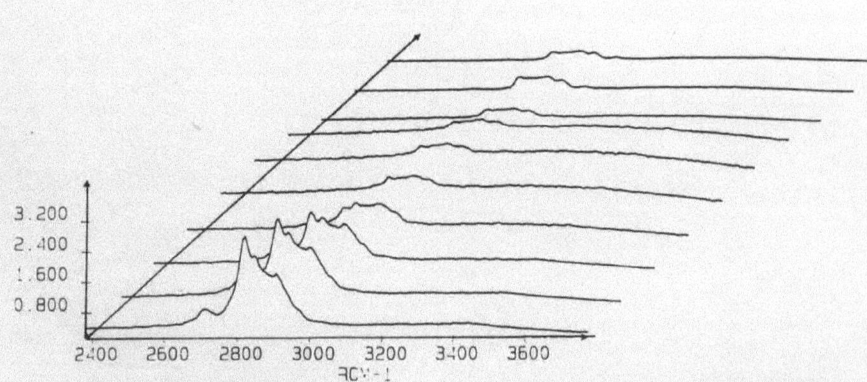

IV.3, 4: Dodecyltrimethylammoniumbromid, 0.1mol/l, KCl:0.01mol/l
IV.3: Potentialbereich: -1400 - +200 mV
IV.4: Potentialbereich: -1400 - +200mV

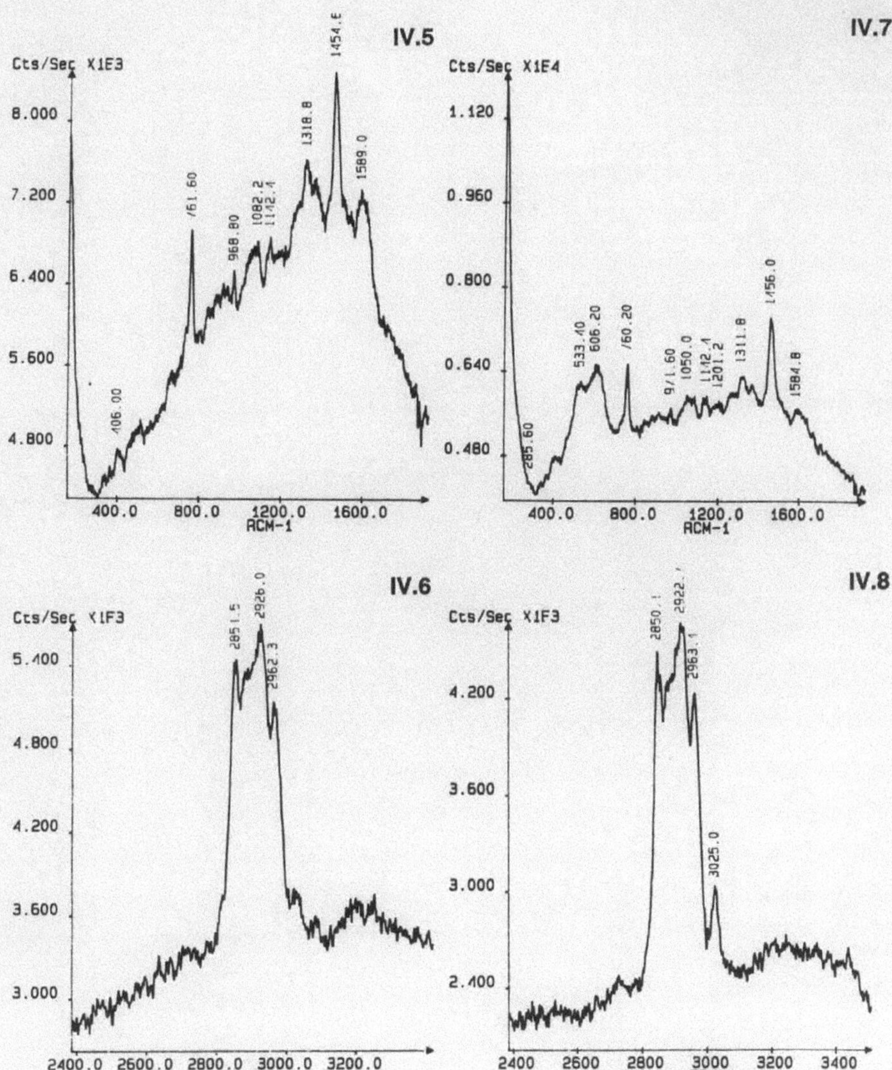

IV.5, 6, 7, 8: Dodecyltrimethylammoniumbromid, 0.1mol/l, KCl:0.01mol/l
IV.5, 6: -1400mV; IV.7, 8: -920mV

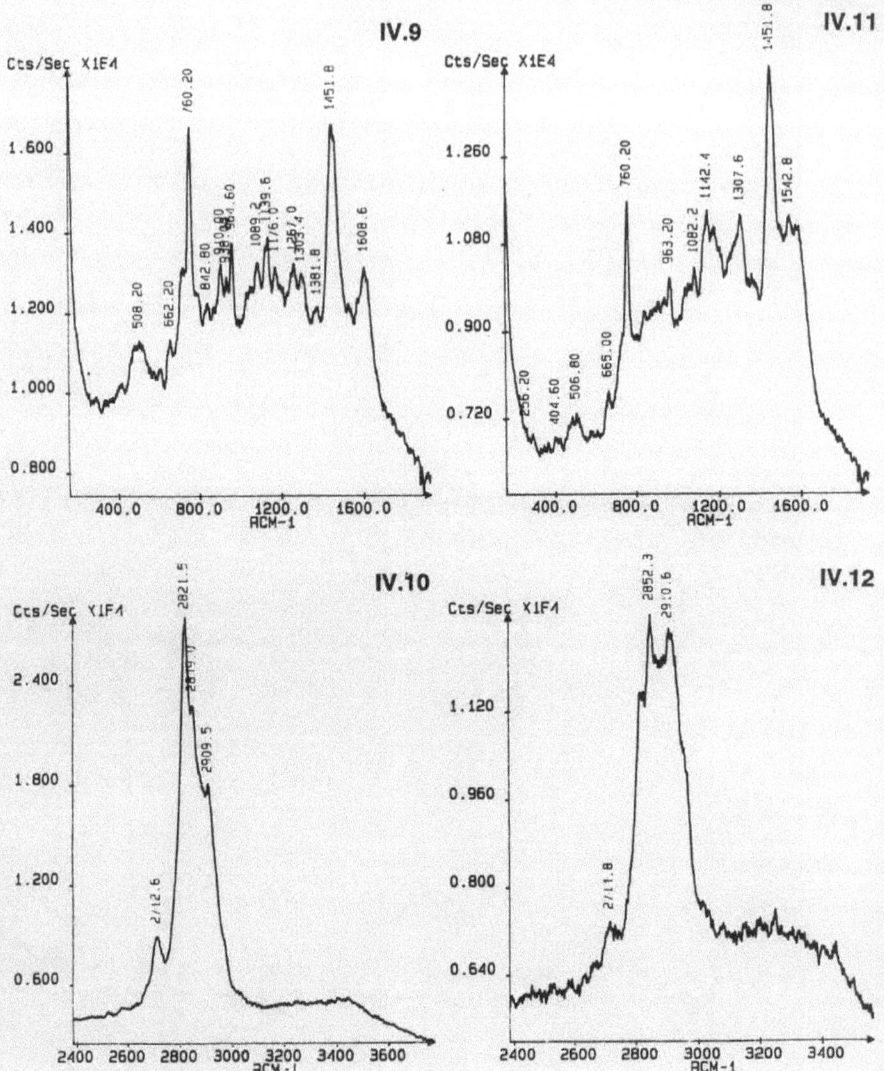

IV.9, 10, 11, 12: Dodecyltrimethylammoniumbromid, 0.1mol/l,
KCl:0.01mol/l
IV.9, 10: -600mV; IV.11, 12: -120mV

Cts/Sec X1E4

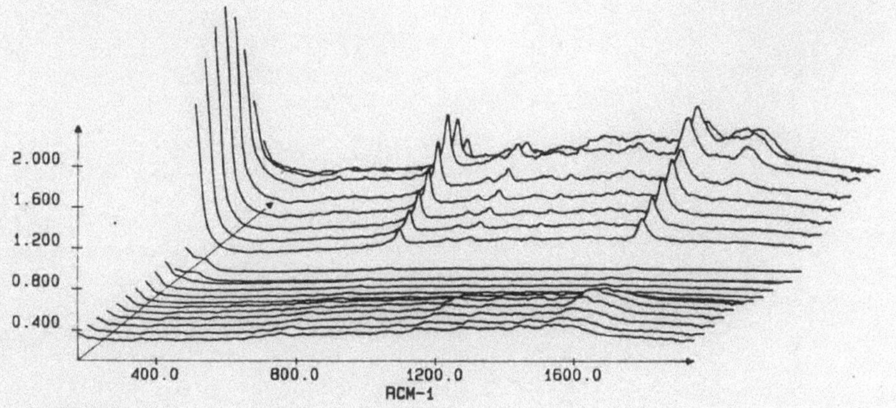

Cts/Sec X1E4

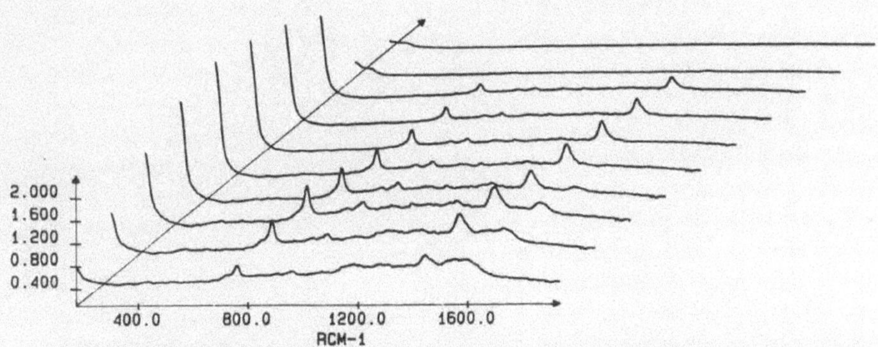

IV.13, 14: Dodecyltrimethylammoniumbromid, 0.001mol/l, KCl:0.01mol/l
IV 13: Potentialbereich: -1000 - +200 - -1000mV, 2mV/s
IV.14: aus IV.13, Potentialbereich -1000 - +200mV, 2mV/s

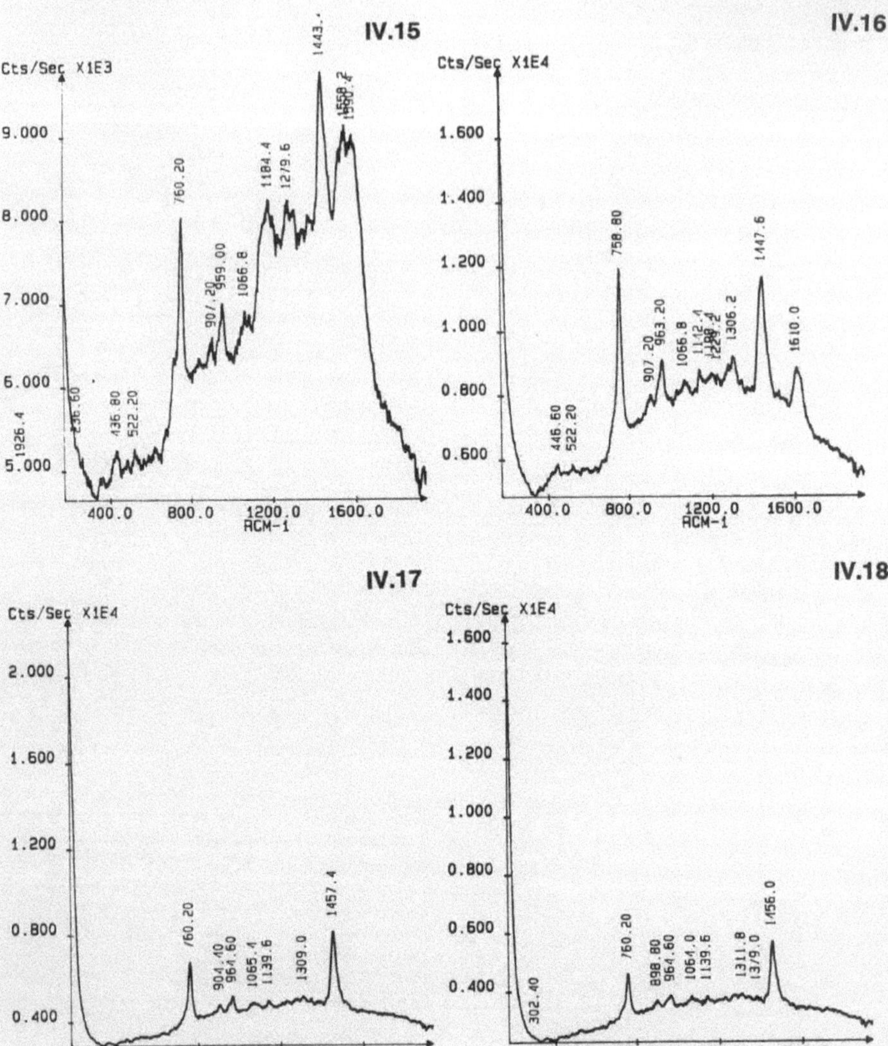

IV.15, 16, 17, 18: Dodecyltrimethylammoniumbromid, 0.001 mol/l, KCl: 0.01 mol/l; aus IV.13;
IV.15: -1000mV; IV.16: -760mV; IV.17: -400mV; IV.18: -160mV

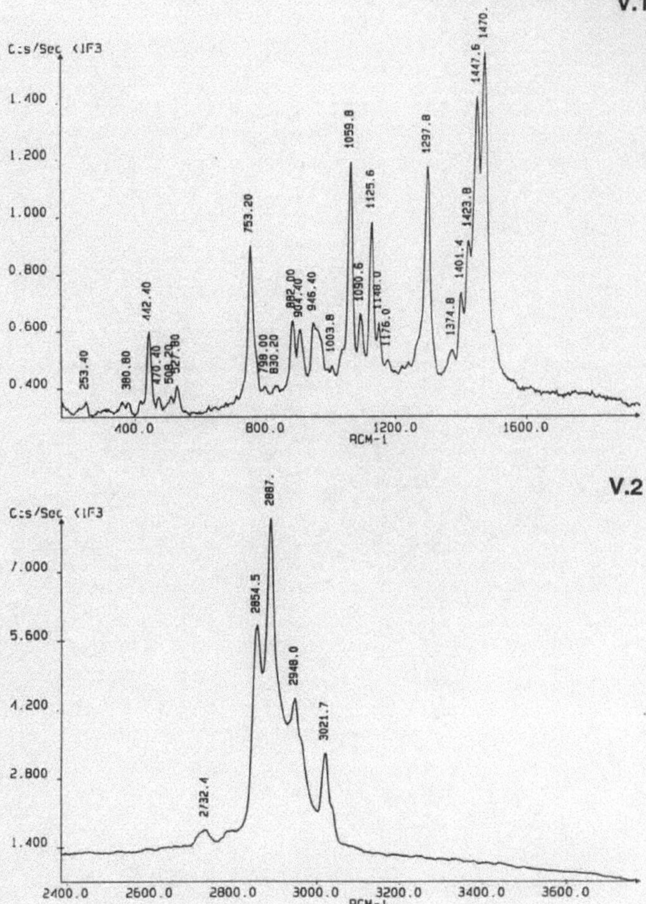

V.1, 2: Tetradecyltrimethylammoniumbromid polykristallin

Cts/Sec X1F1

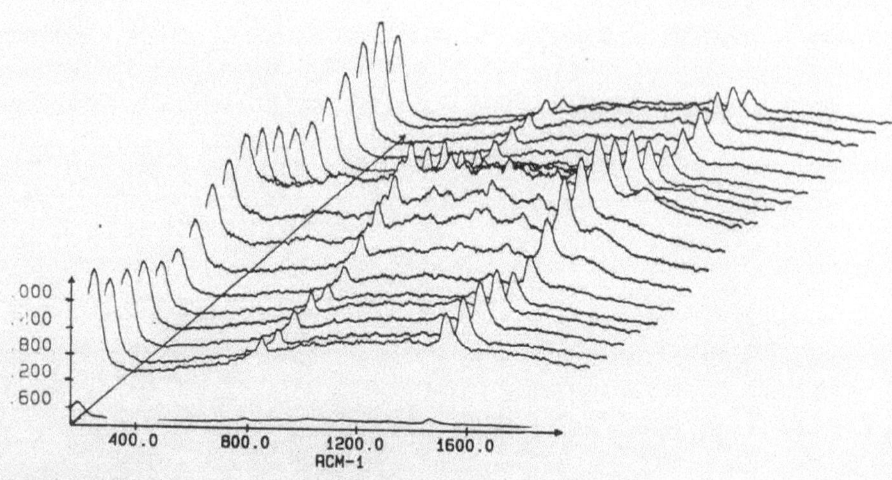

Cts/Sec X1F5

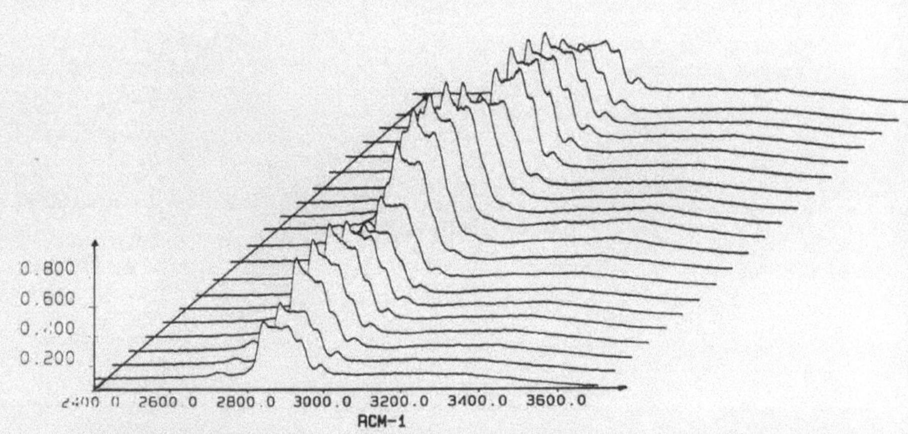

V.3, 4: Tetradecyltrimethylammoniumbromid
0.1mol/l, KCl: 0.001mol/l, Potentialbereich: 0 - -1400 - 0 mV, 5mV/s

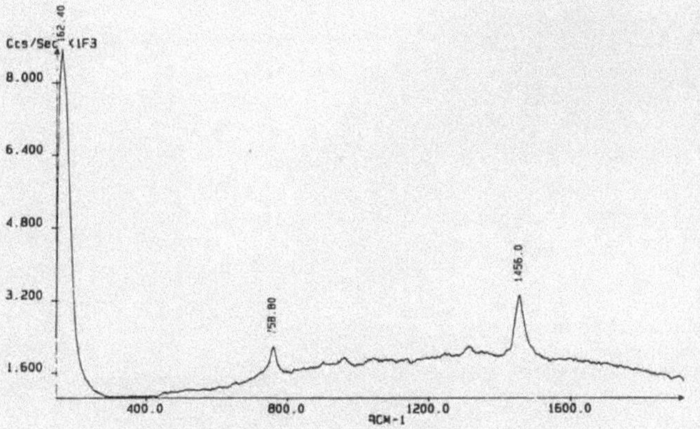

**V.5, 6: Tetradecyltrimethylammoniumbromid
0.001mol/l, KCl: 0.1mol/l
V.5: 0V; V.6: -200mV**

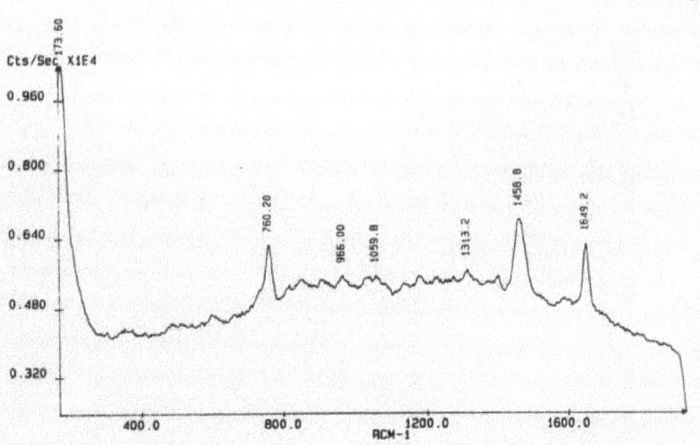

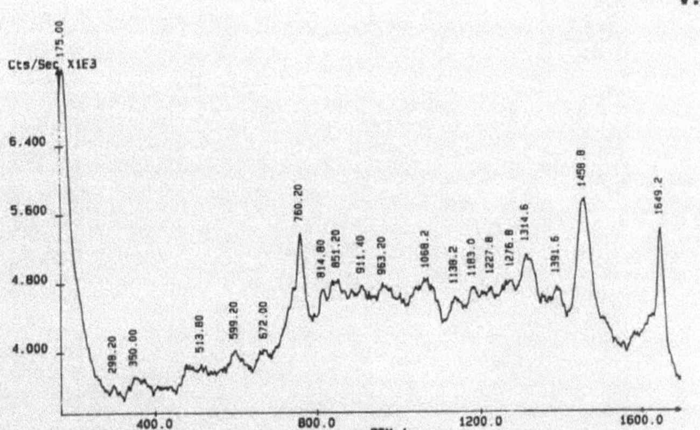

V.7, 8: Tetradecyltrimethylammoniumbromid
0.001 mol/l, KCl: 0.1 mol/l
V.7: -400mV; V.8: -600mV

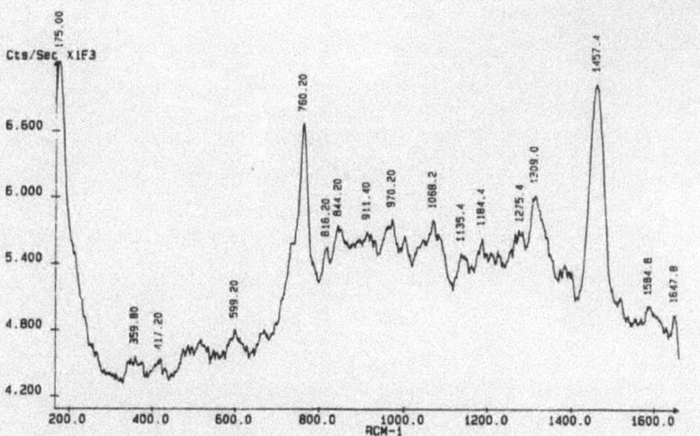

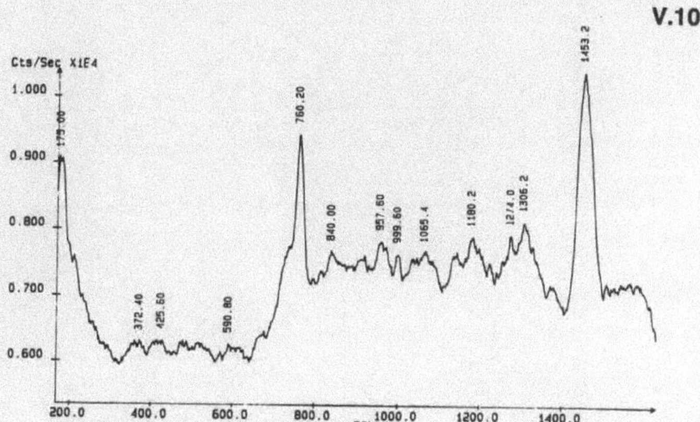

V.9, 10: Tetradecyltrimethylammoniumbromid
0.001mol/l, KCl: 0.1mol/l
V.9: -800mV; V.10: -1000mV

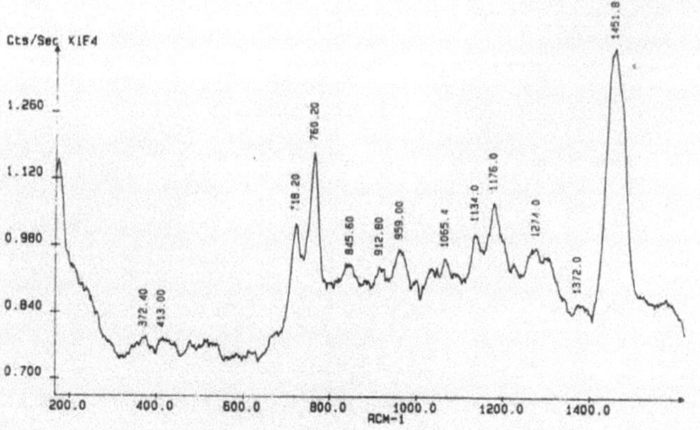

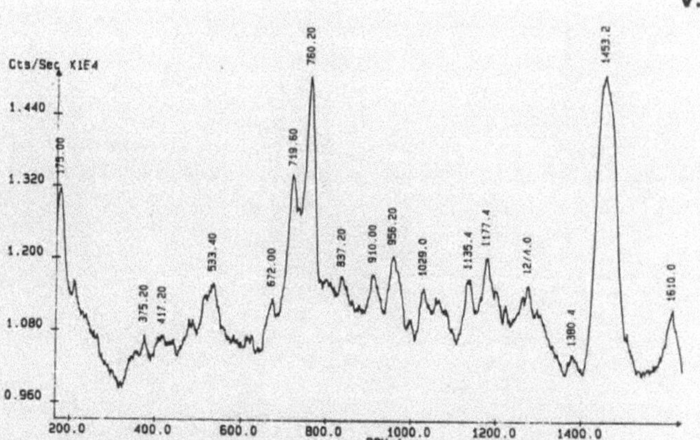

**V.11, 12: Tetradecyltrimethylammoniumbromid
0.001mol/l, KCl: 0.1mol/l
V.11: -1200mV; V.12: -1400mV**

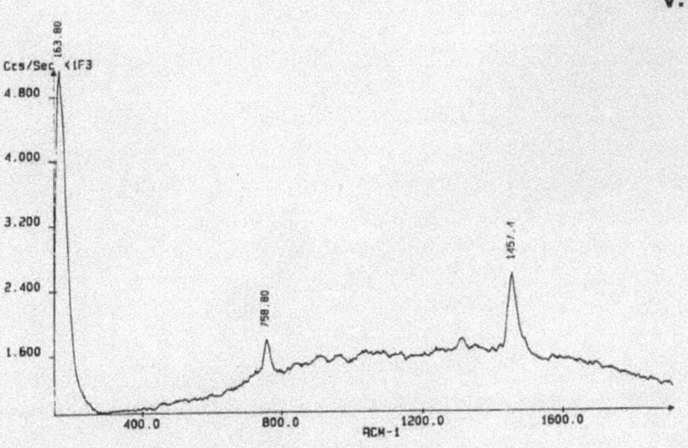

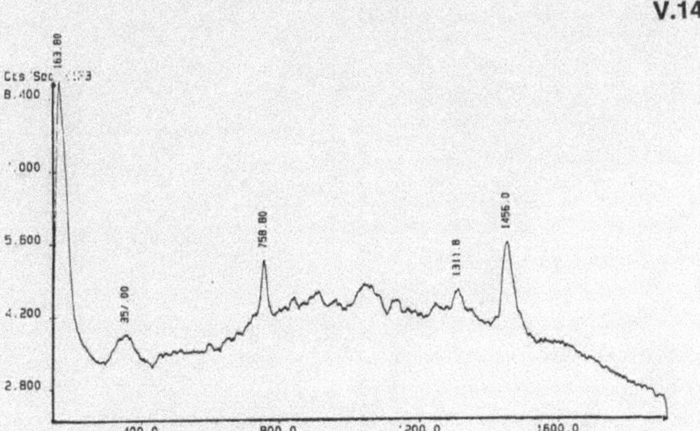

V.13, 14: Tetradecyltrimethylammoniumbromid 0.01mol/l, KCl: 0.001mol/l
V.13: -200mV; V.14: -400mV

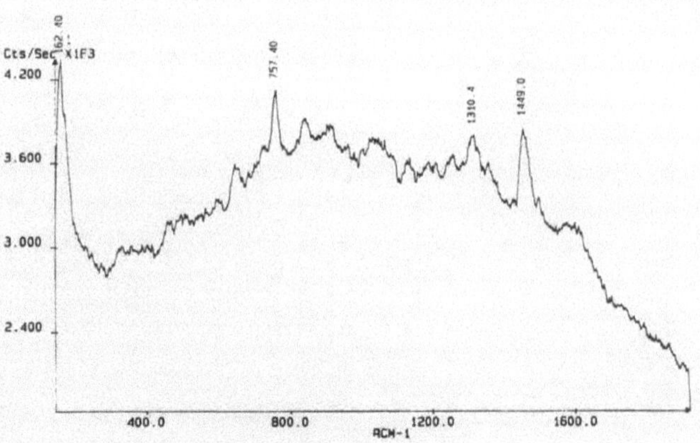

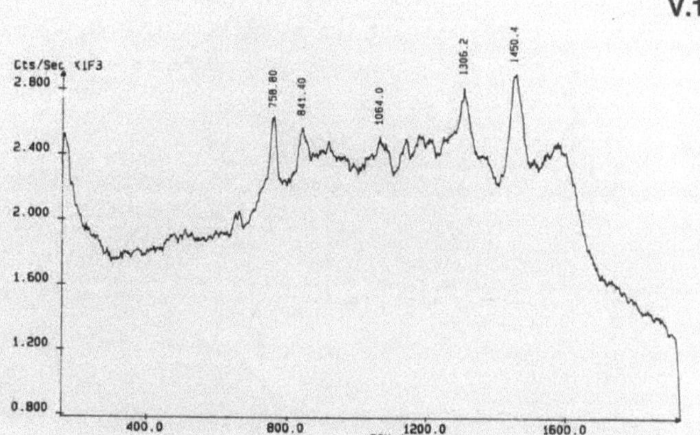

**V.15, 16: Tetradecyltrimethylammoniumbromid
0.01mol/l, KCl: 0.001mol/l
V.15: -600mV; V.16: -800mV**

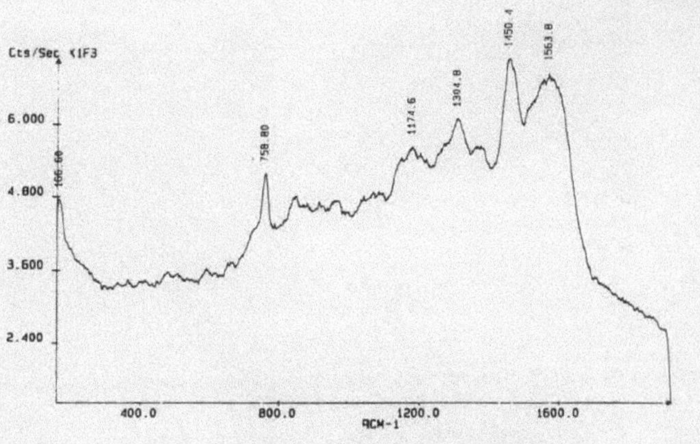

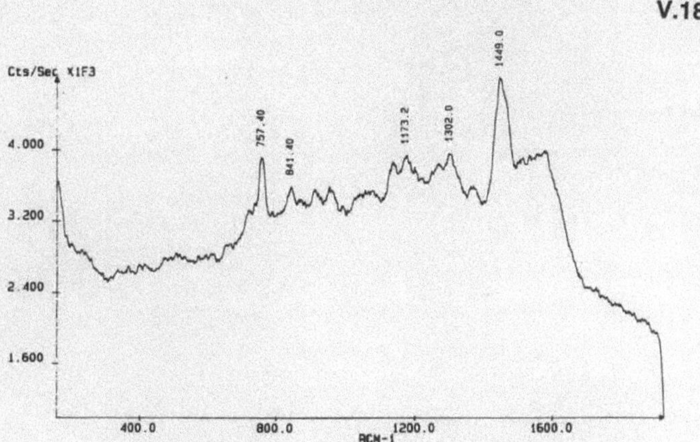

V.17, 18: Tetradecyltrimethylammoniumbromid
0.01mol/l, KCl: 0.001mol/l
V.17: -1000mV; V.18: -1200mV;

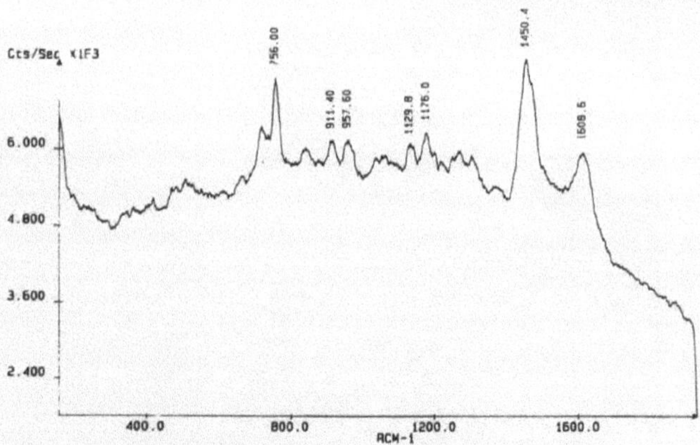

**V.19. Tetradecyltrimethylammoniumbromid
0.01mol/l, KCl: 0.001mol/l
V.17: -1400mV**

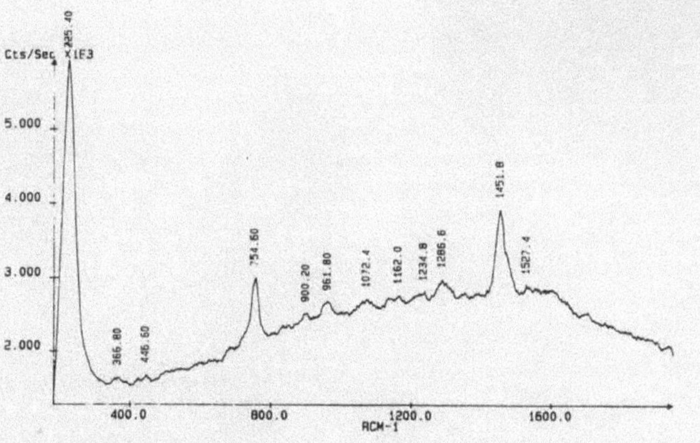

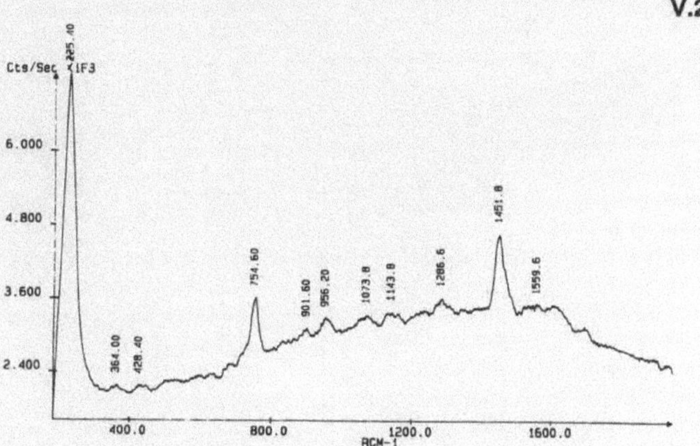

V.20, 21: Tetradecyltrimethylammoniumbromid

0.0001mol/l, KCl: 0.1mol/l, T: 5°C
V.20: -100mV; V.21 :-300mV

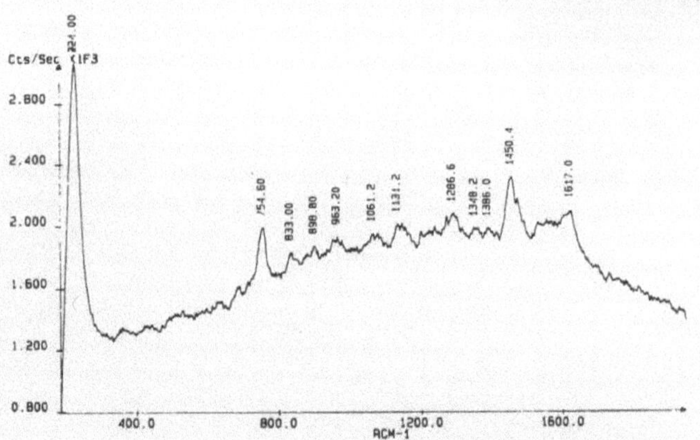

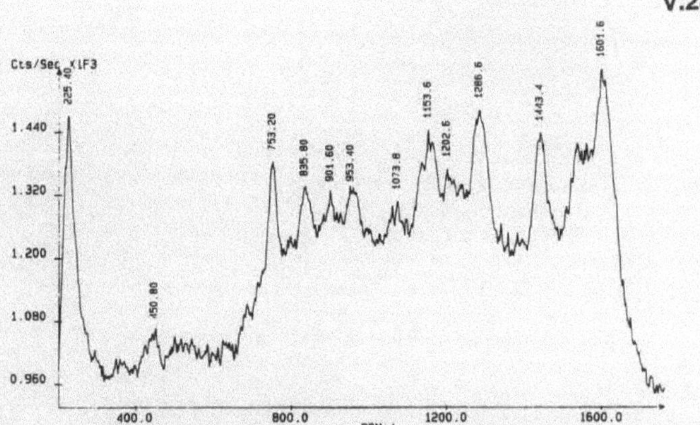

V.22, 23: Tetradecyltrimethylammoniumbromid
0.0001mol/l, KCl: 0.1mol/l, T: 5°C
V.22: -500mV; V.23: -700mV

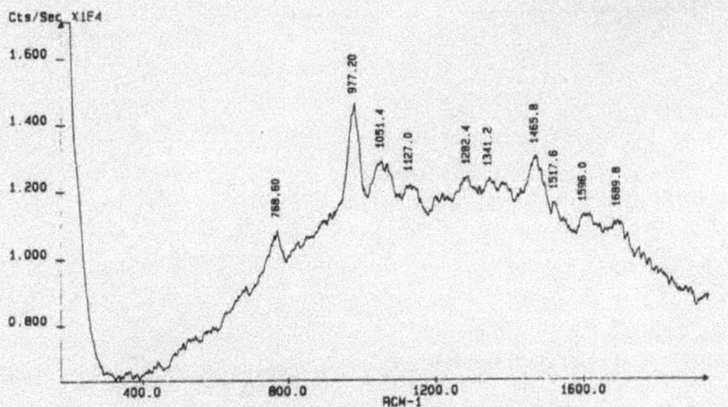

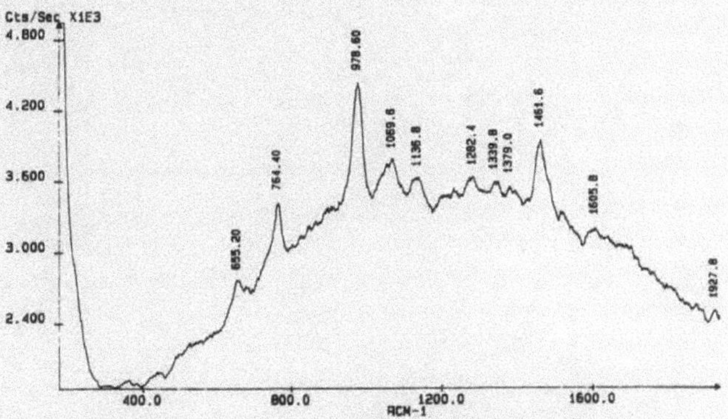

V.24, 25: Tetradecyltrimethylammoniumbromid
0.001mol/l, KCl: ges., Lösungsmittel: CD$_3$OD
V.24: -100mV; V.25: -300mV

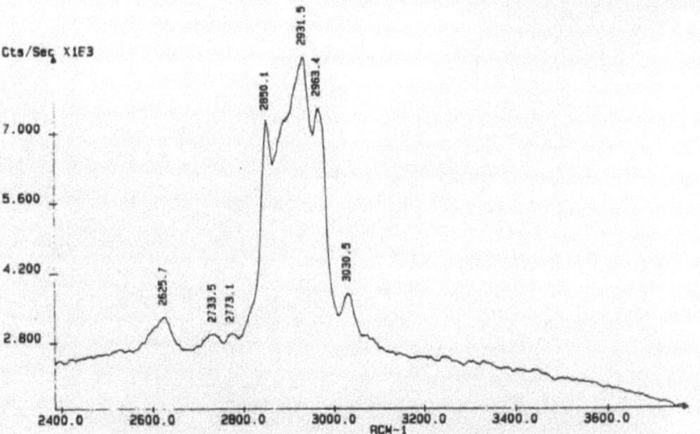

V.26: Tetradecyltrimethylammoniumbromid
0.001mol/l, KCl: ges., Lösungsmittel: CD$_3$OD
V.26: -300mV

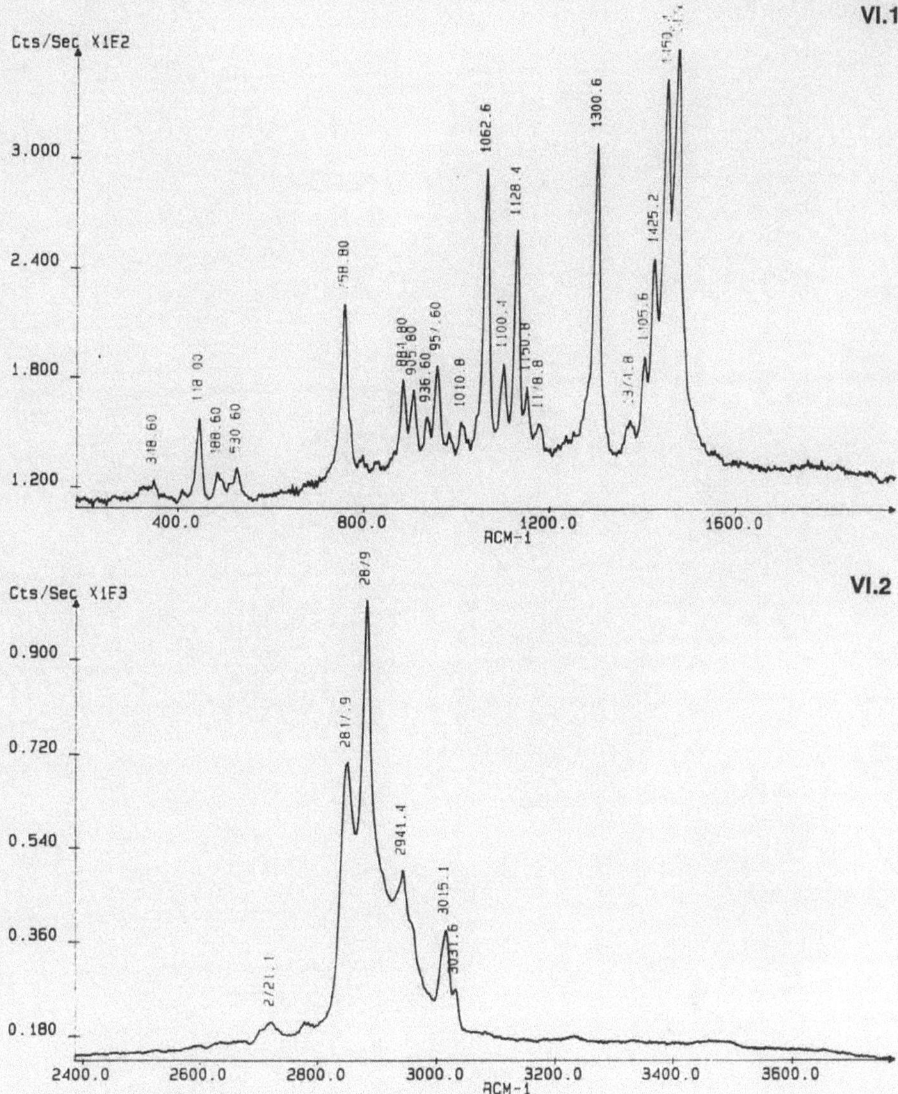

VI.1, 2: Hexadecyltrimethylammoniumbromid polykristallin

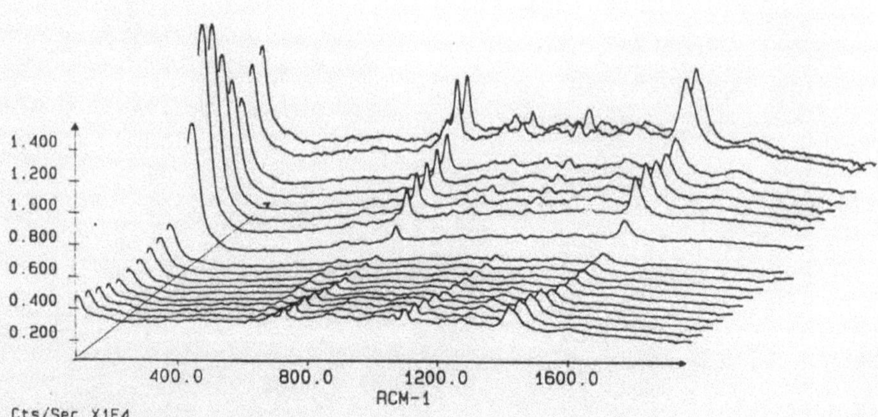

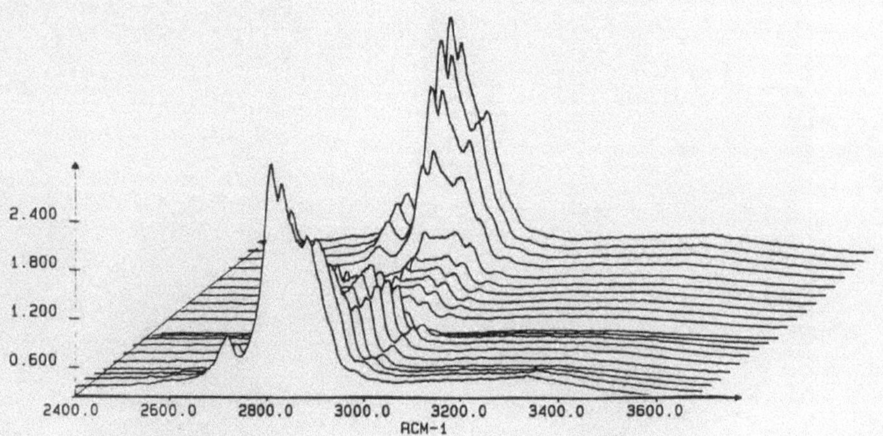

VI.3, 4: Hexadecyltrimethylammoniumbromid, 0.001 mol/l
KCl: 0.01 mol/l
Potentialbereich: -1300 - +150 - -1300mV, 2mV/s

Cts/Sec X1F4

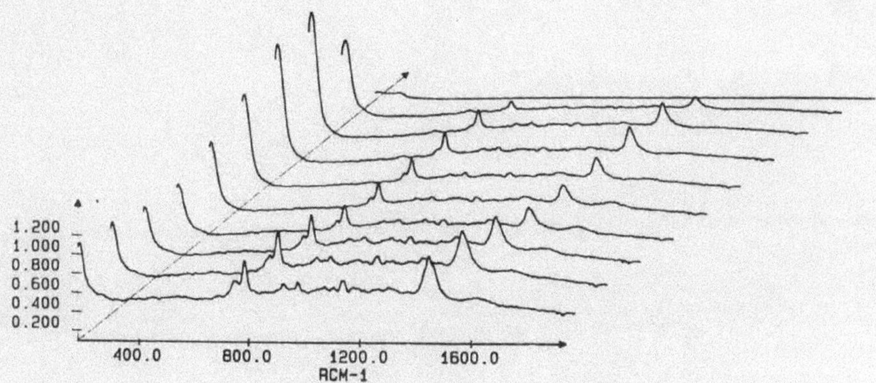

Cts Sec X1F4

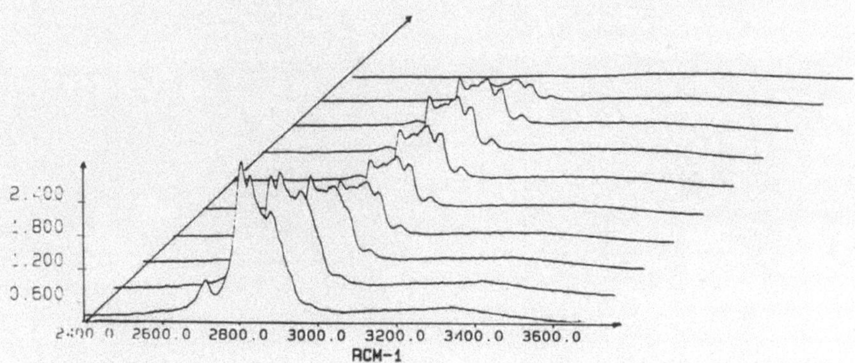

VI.5, 6: Hexadecyltrimethylammoniumbromid, 0.001mol/l
KCl: 0.01mol/l
VI.5, 6 aus VI.3, 4; Potentialbereich : -1300 - +150mV

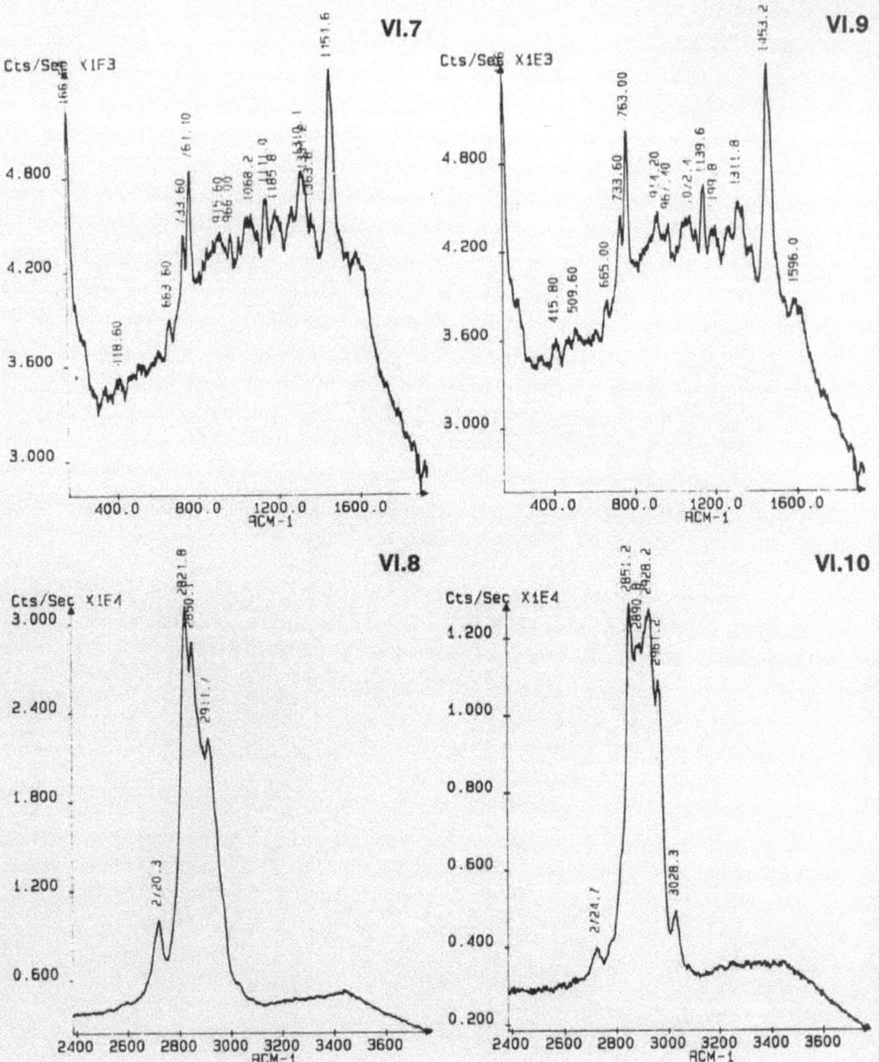

VI.7, 8, 9, 10: Hexadecyltrimethylammoniumbromid, 0.001 mol/l
KCl: 0.01 mol:l
aus VI.3, 4; VI.7, 8: -1300mV; VI9, 10: -865mV

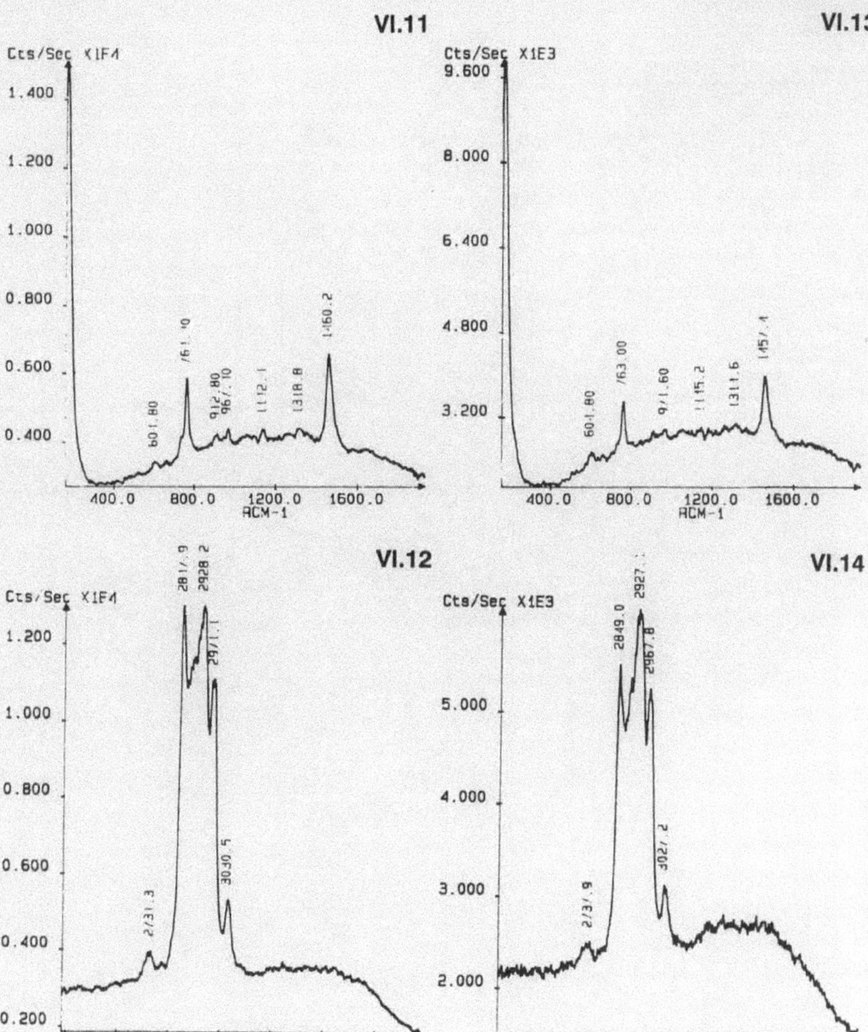

VI.11, 12, 13, 14: Hexadecyltrimethylammoniumbromid, 0.001mol/l
KCl: 0.01mol/l
aus VI.3, 4; VI.11, 12: -430mV; VI.13, 14: -140mV

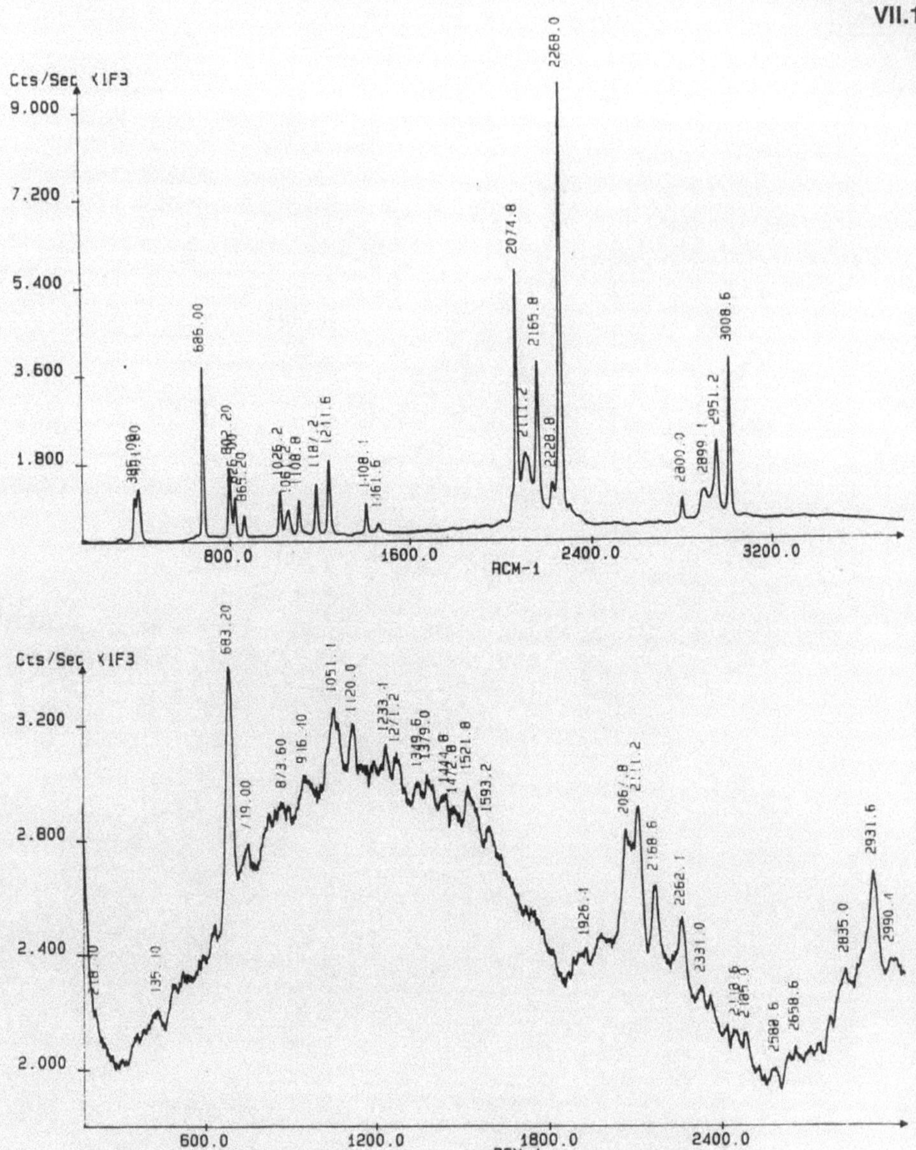

VII.1, 2: Methyl-tris-(trideuteromethyl)-ammoniumjodid
VII.1: polykristallin
VII.2 : 0.001mol/l, KCl: 0.01mol/l, -1000mV

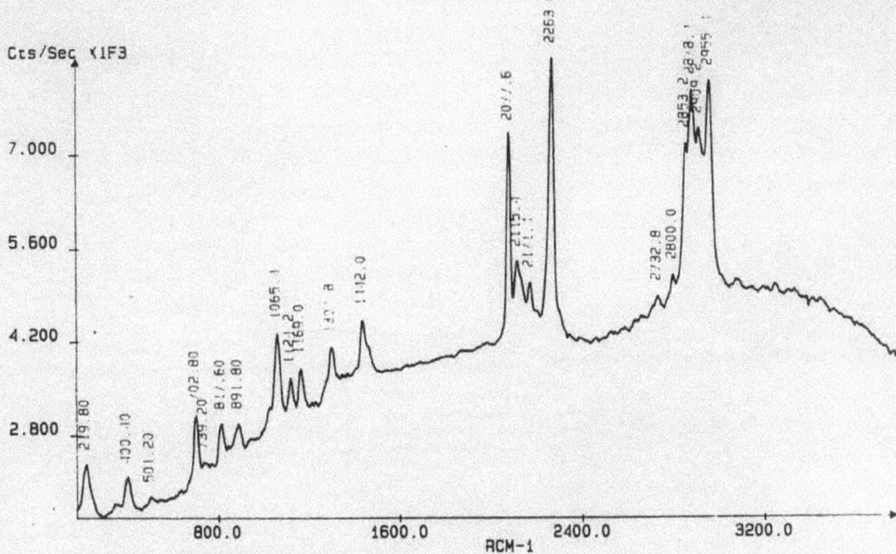

VIII.1: Heptyl-tris-(trideuteromethyl)-ammoniumjodid polykristallin

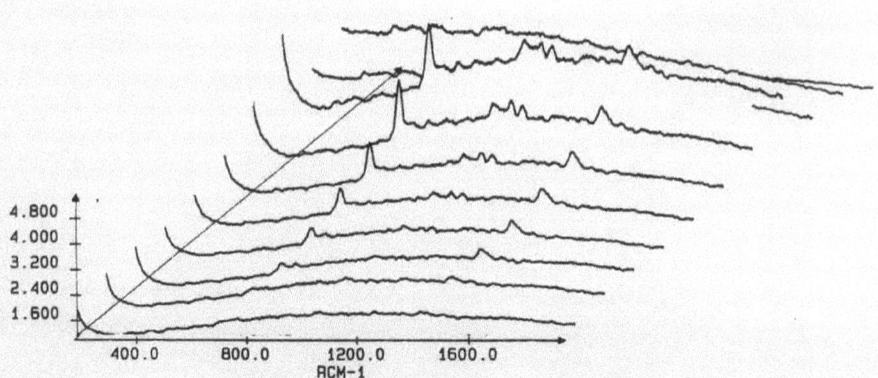

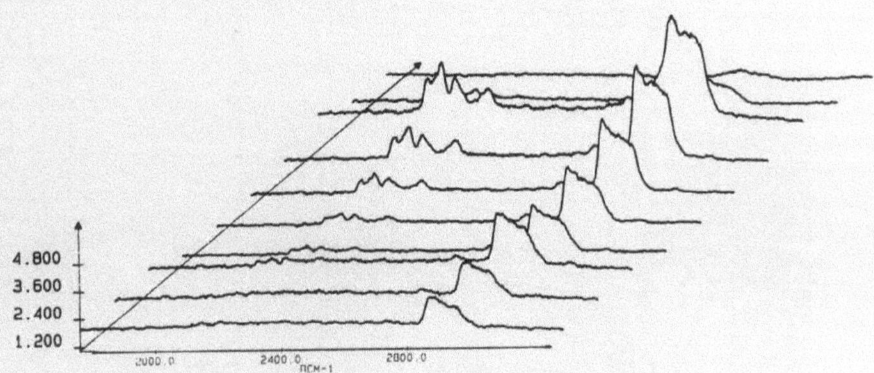

VIII.2, 3: Heptyl-tris-(trideuteromethyl)-ammoniumjodid
0.001 mol/l, KCl: 0.01 mol/l
Potentialbereich: -1000 - +150mV

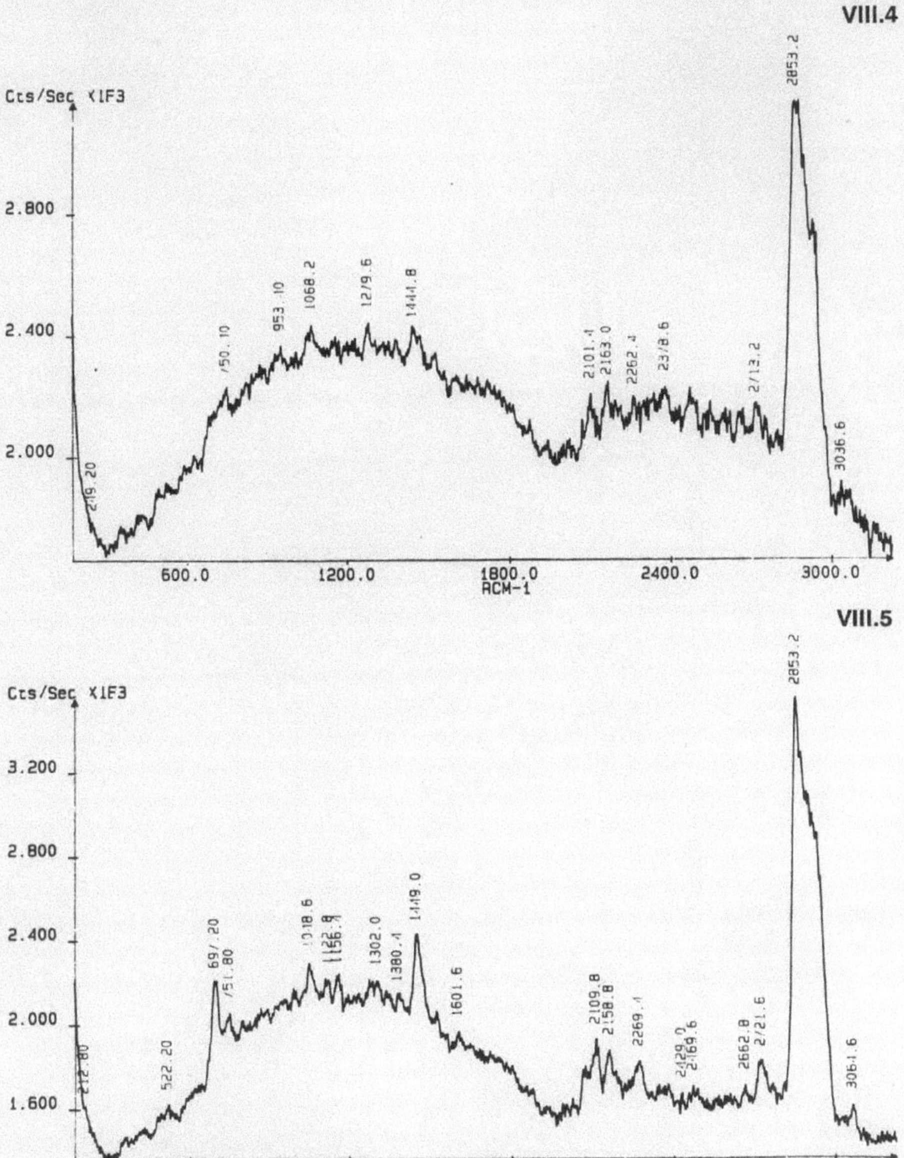

VIII.4
VIII.5
VIII.4, 5: Heptyl-tris-(trideuteromethyl)-ammoniumjodid
0.001mol/l, KCl: 0.01mol/l
VIII.4: -1000mV; VII.5: -760mV

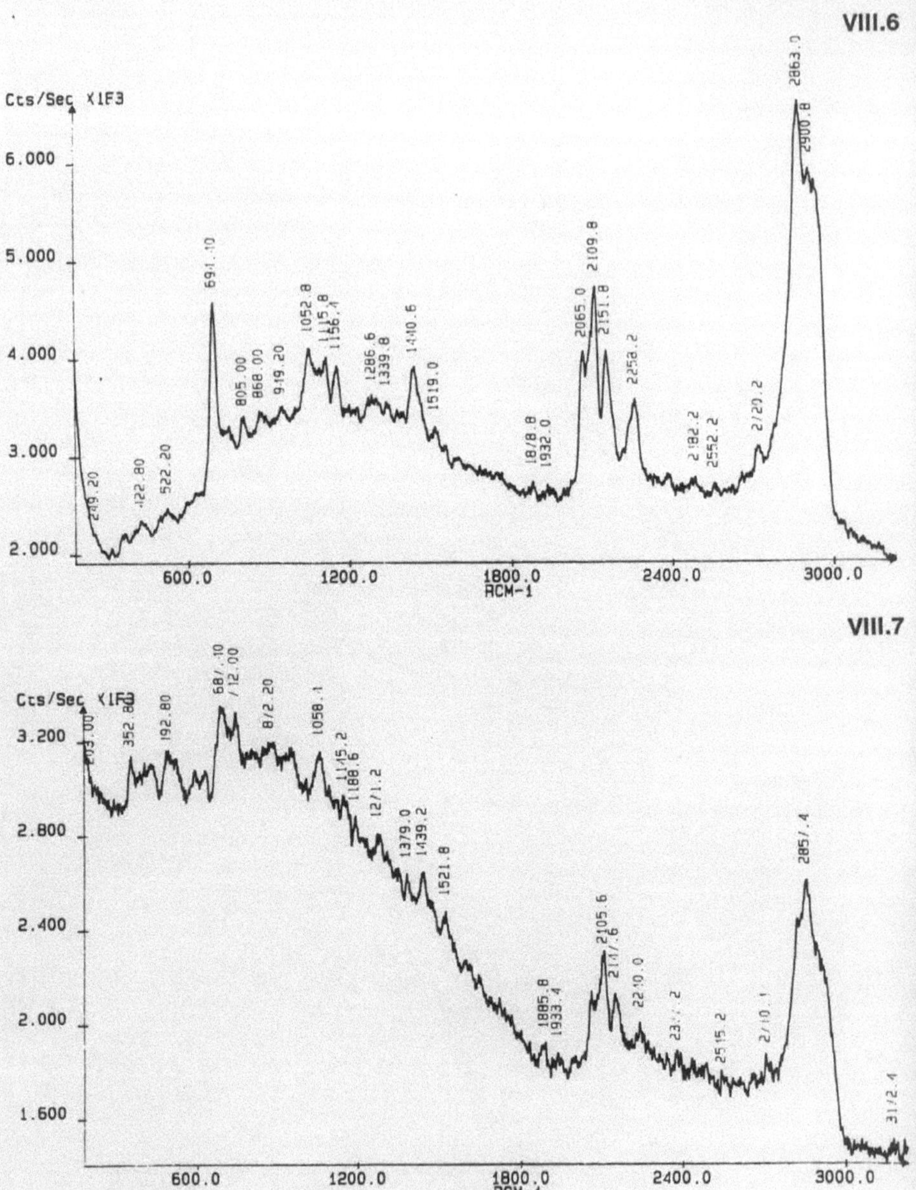

VIII.6, 7: Heptyl-tris-(trideuteromethyl)-ammoniumjodid
0.001mol/l, KCl: 0.01mol/l
VIII.6: -540mV; VIII.7: -200mV

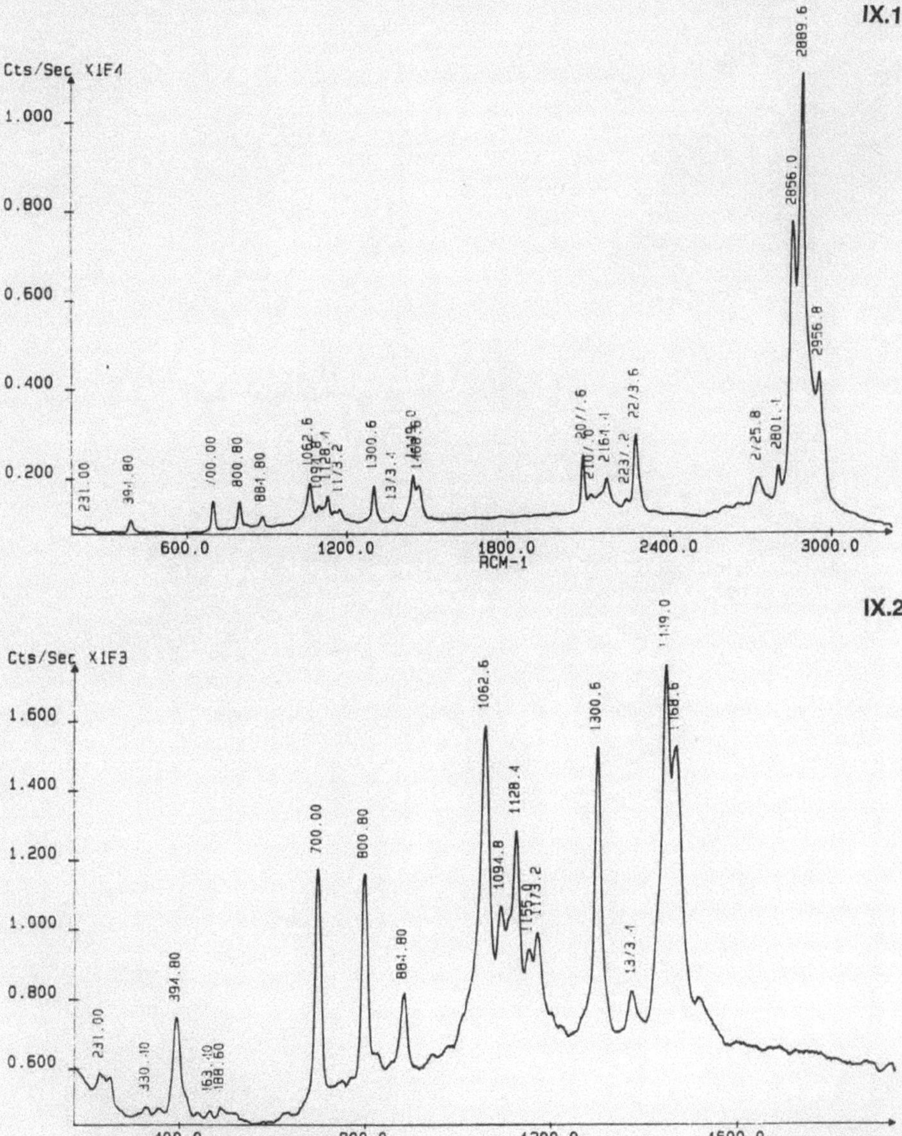

**IX.1,2: Hexadecyl-tris-(trideuteromethyl)-ammoniumjodid
polykristallin
IX.2: aus IX.1**

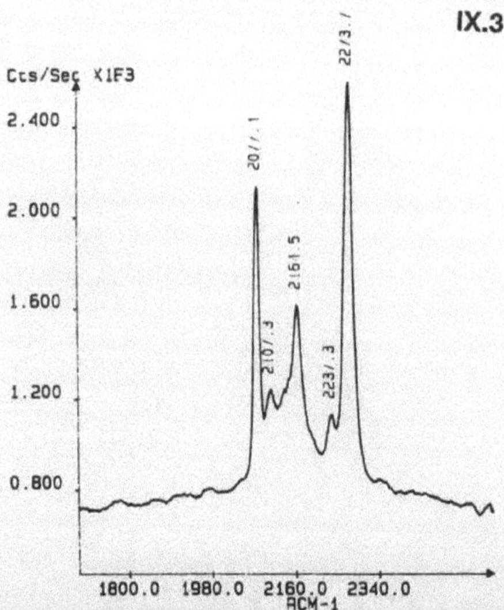

IX.3: Hexadecyl-tris-(trideuteromethyl)-ammoniumjodid aus IX.1

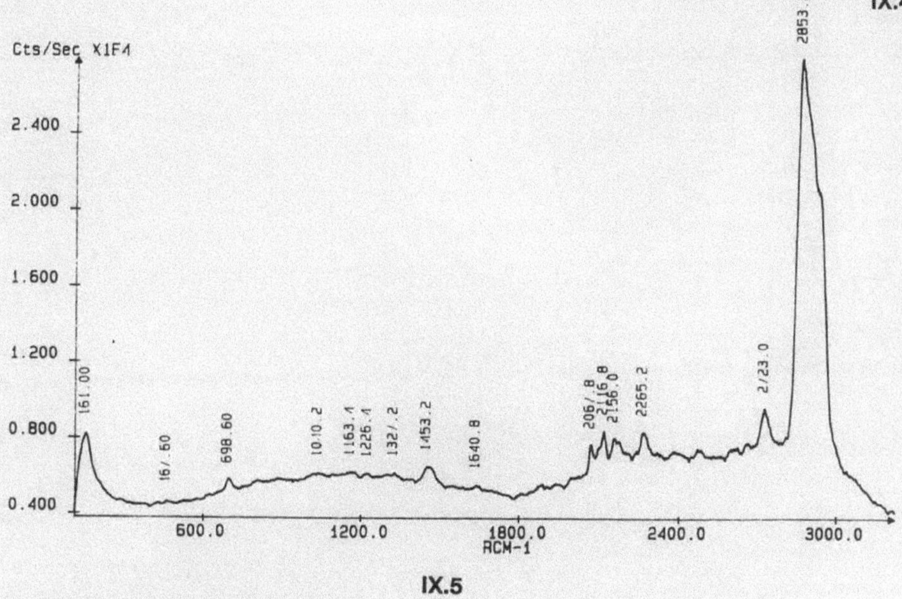

IX.5

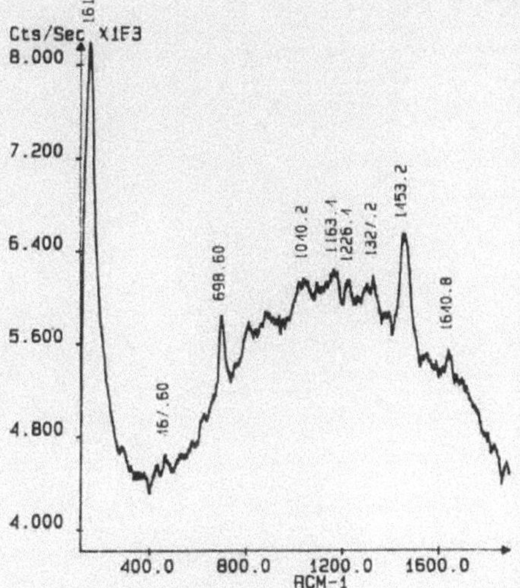

IX.4, 5: Hexadecyl-tris-(trideuteromethyl)-ammoniumjodid
0.001mol/l, KCl: 0.01mol/l, kein Potential angelegt
IX.5 aus IX.4

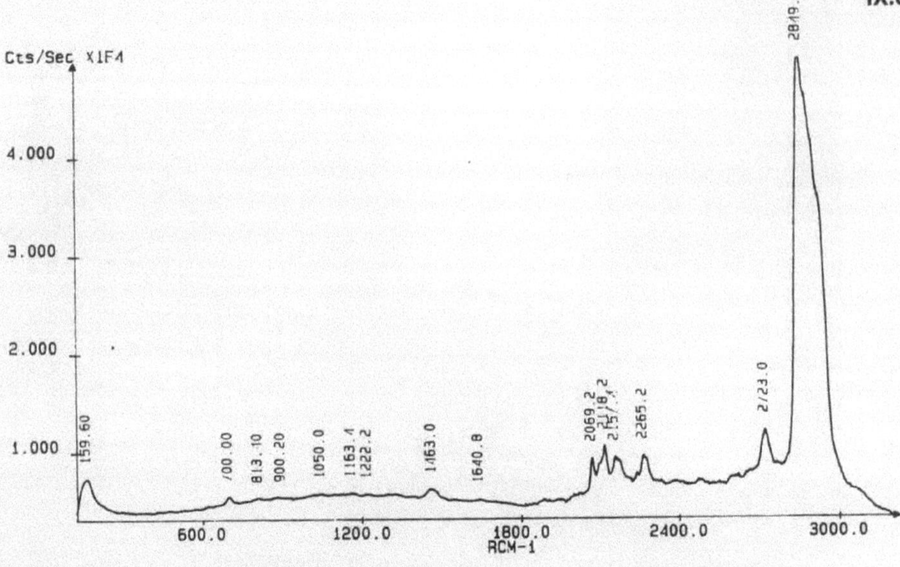

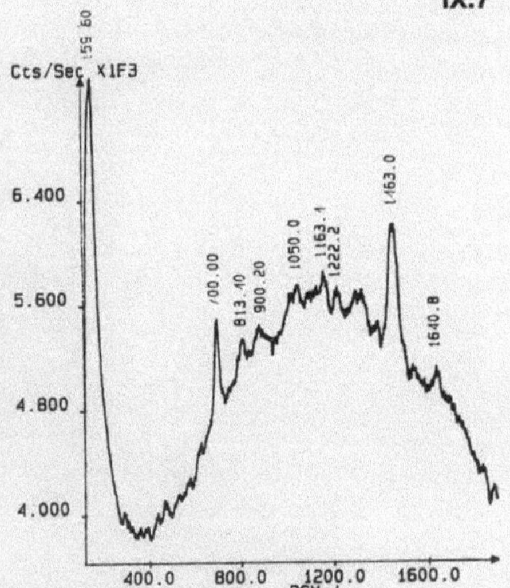

IX.6, 7: Hexadecyl-tris-(trideuteromethyl)-ammoniumjodid
0.001mol/l, KCl: 0.01mol/l, -100mV
IX.7 aus IX.6

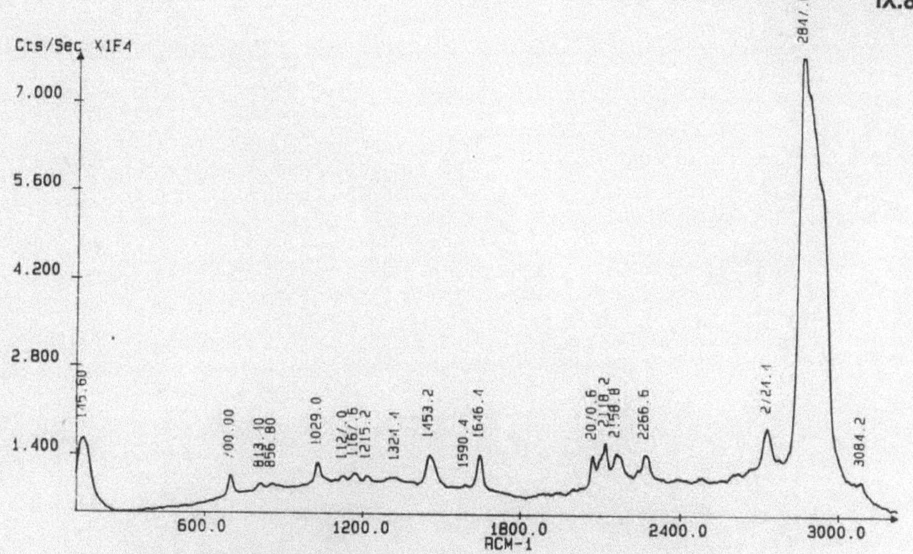

IX.8: Hexadecyl-tris-(trideuteromethyl)-ammoniumjodid
0.001mol/l, KCl: 0.01mol/l, -200mV

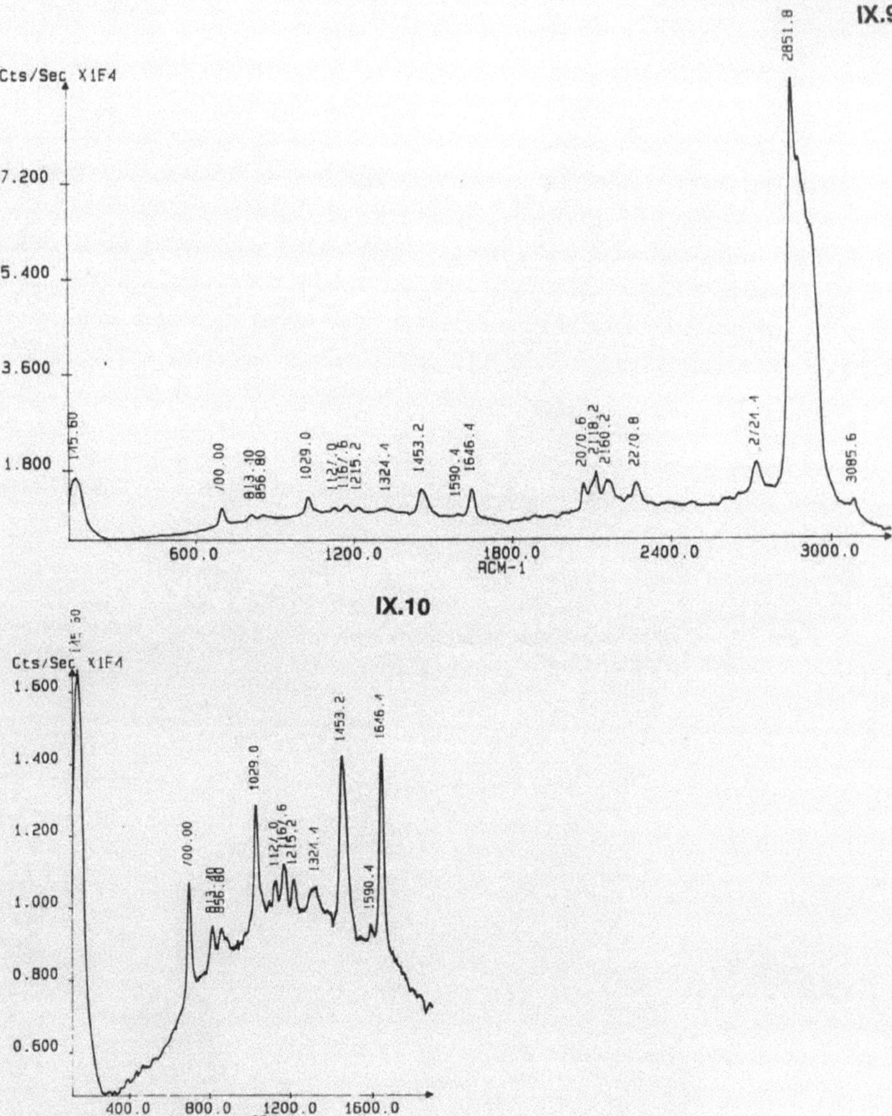

IX.9, 10: Hexadecyl-tris-(trideuteromethyl)-ammoniumjodid
0.001mol/l, KCl: 0.01mol/l, -300mV
IX.10 aus IX.9

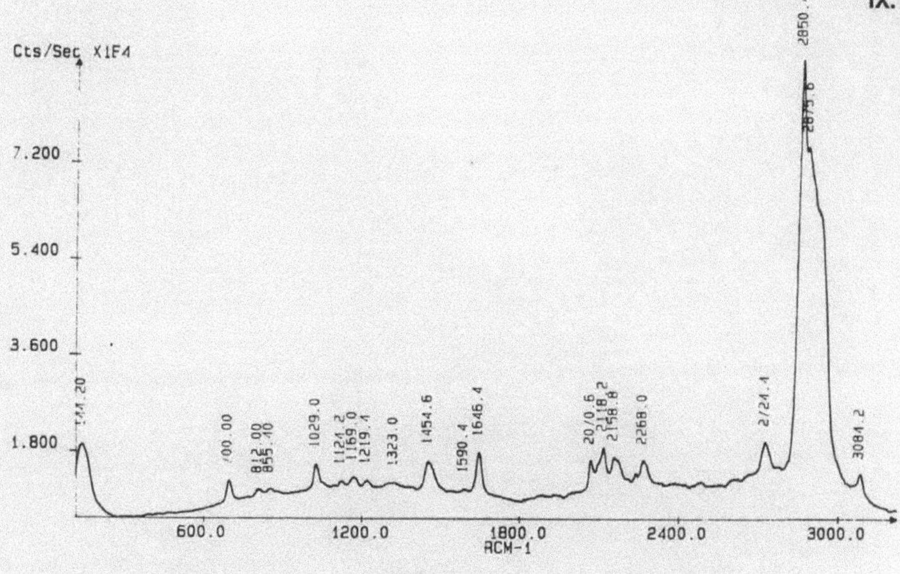

IX.12

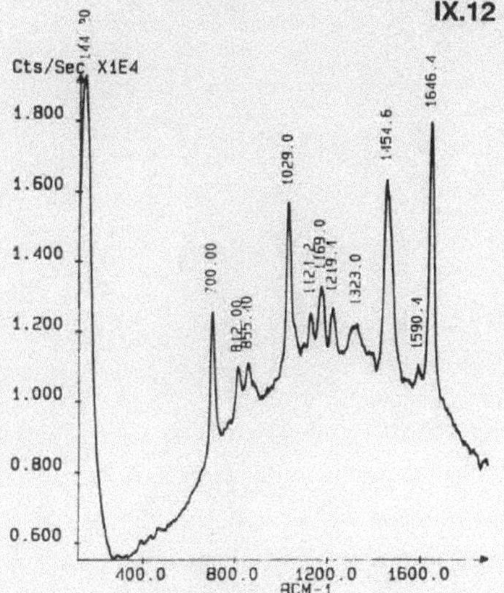

IX.11, 12: Hexadecyl-tris-(trideuteromethyl)-ammoniumjodid
0.001mol/l, KCl: 0.01mol/l, -400mV
IX.12 aus IX.11

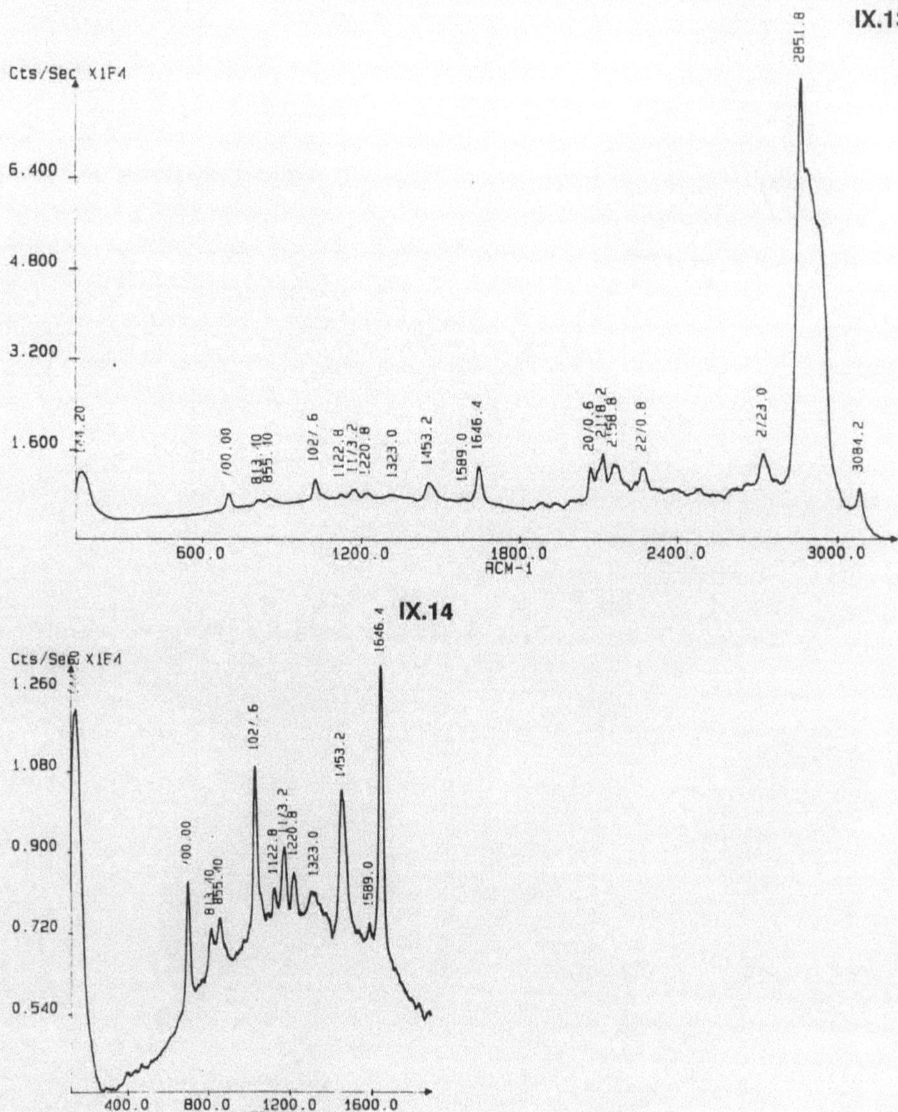

IX.13, 14: Hexadecyl-tris-(trideuteromethyl)-ammoniumjodid
0.001mol/l, KCl: 0.01mol/l, -500mV
IX.14 aus IX.13

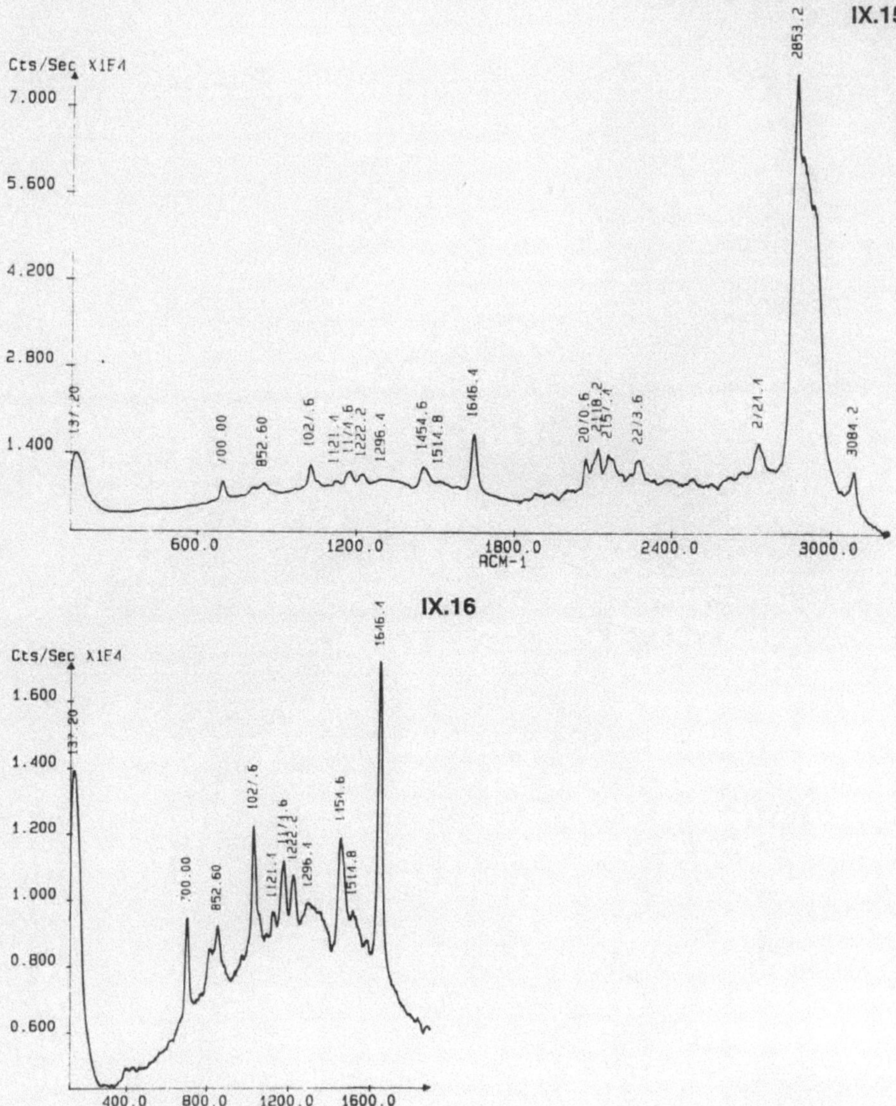

IX.15, 16: Hexadecyl-tris-(trideuteromethyl)-ammoniumjodid
0.001 mol/l, KCl: 0.01 mol/l, -600mV
IX.16 aus IX.15

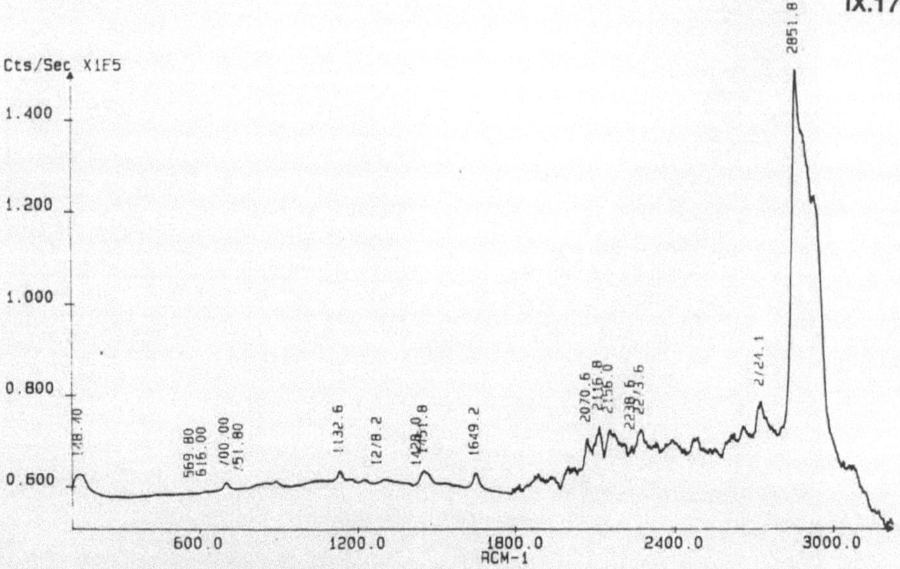

**IX.17: Hexadecyl-tris-(trideuteromethyl)-ammoniumjodid
0.001mol/l, KCl: 0.01mol/l, -800mV**

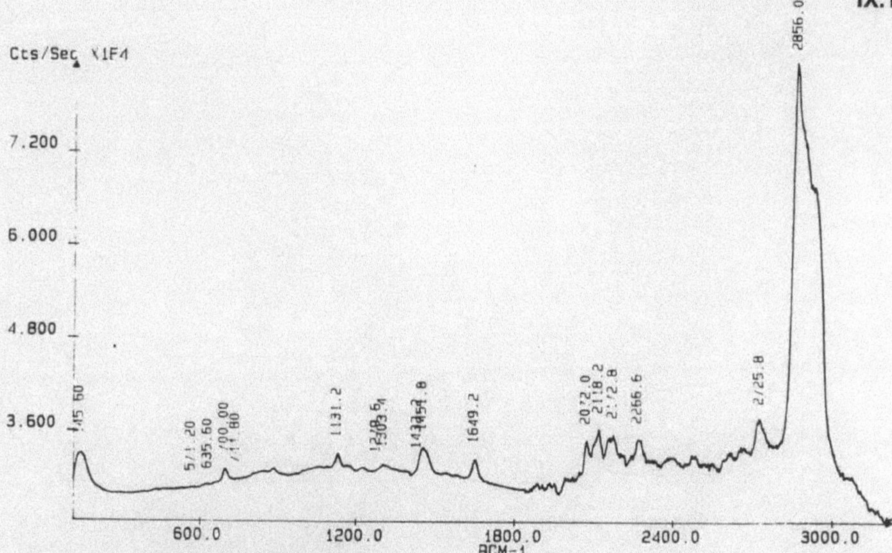

**IX.18: Hexadecyl-tris-(trideuteromethyl)-ammoniumjodid
0.001mol/l, KCl: 0.01mol/l, -1000mV**

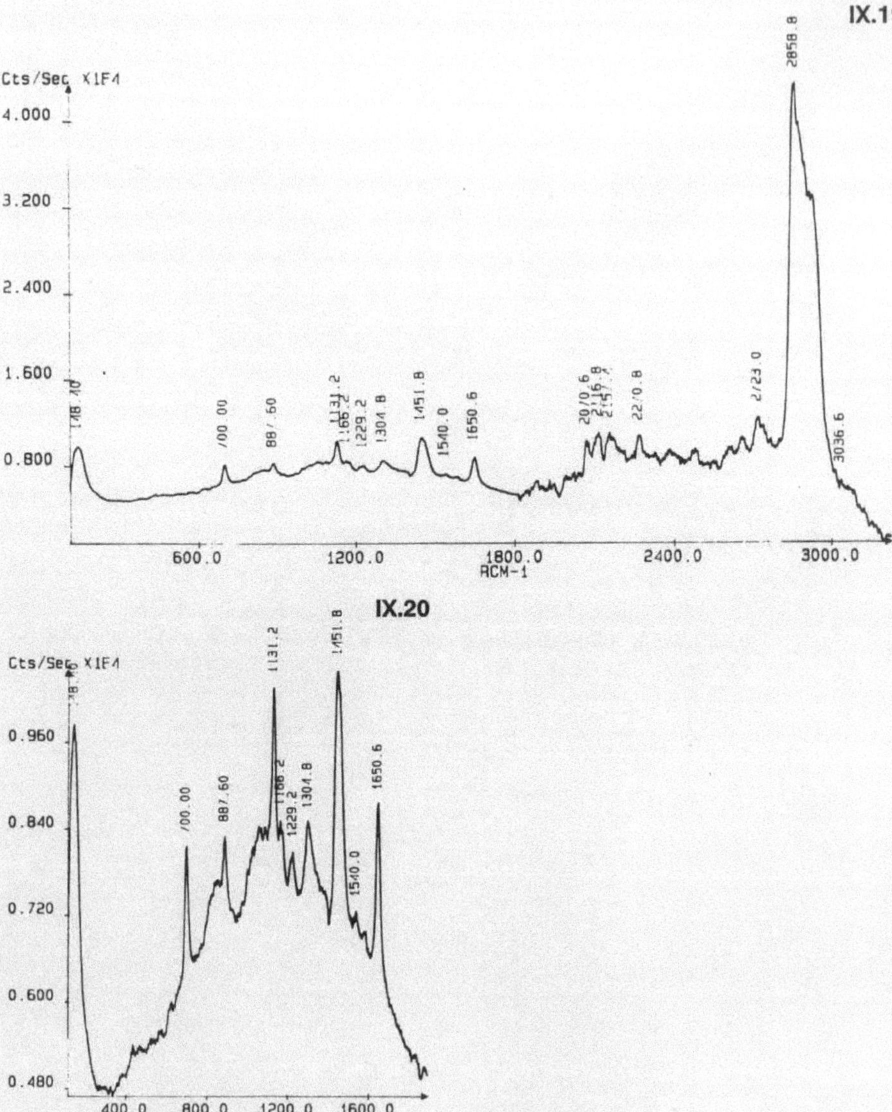

IX.19, 20: Hexadecyl-tris-(trideuteromethyl)-ammoniumjodid
0.001mol/l, KCl: 0.01mol/l, -1200mV
IX.20 aus IX.19

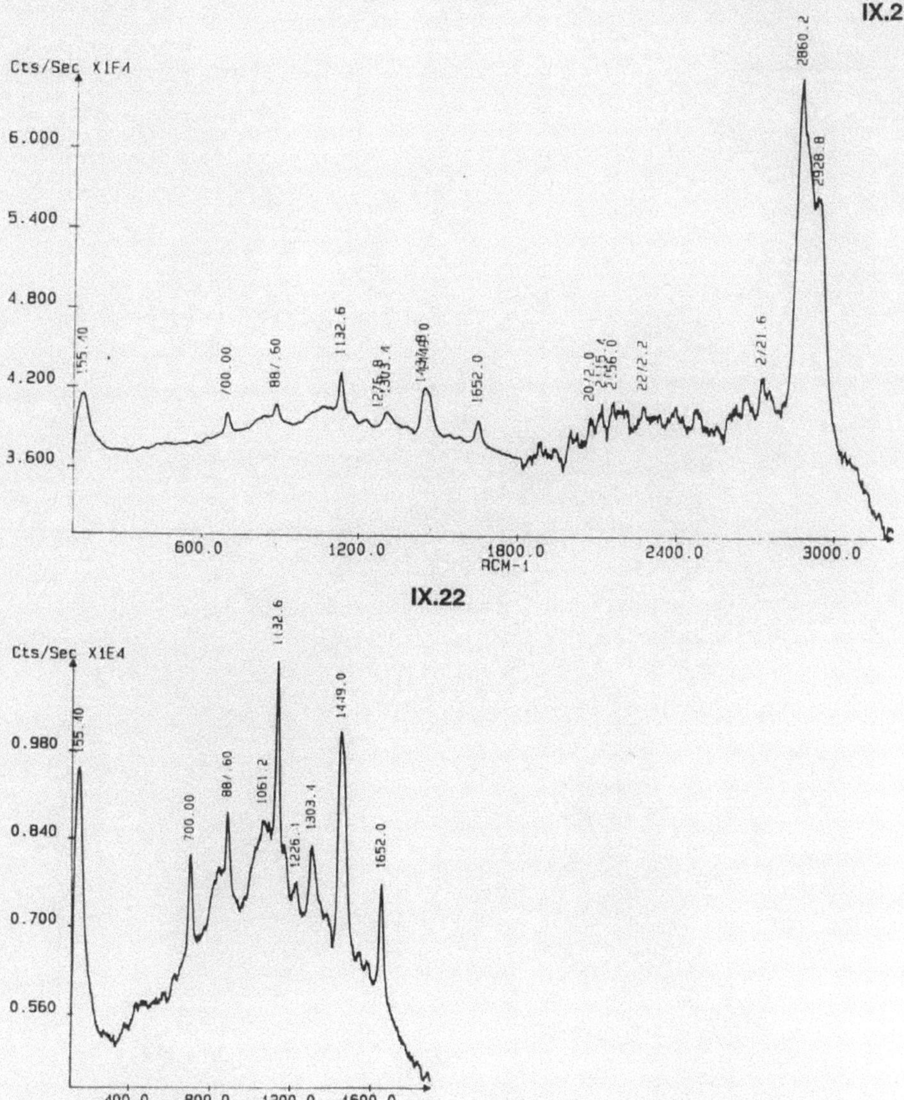

**IX.21, 22: Hexadecyl-tris-(trideuteromethyl)-ammoniumjodid
0.001 mol/l, KCl: 0.01 mol/l, -1400mV
IX.22 aus IX.21**

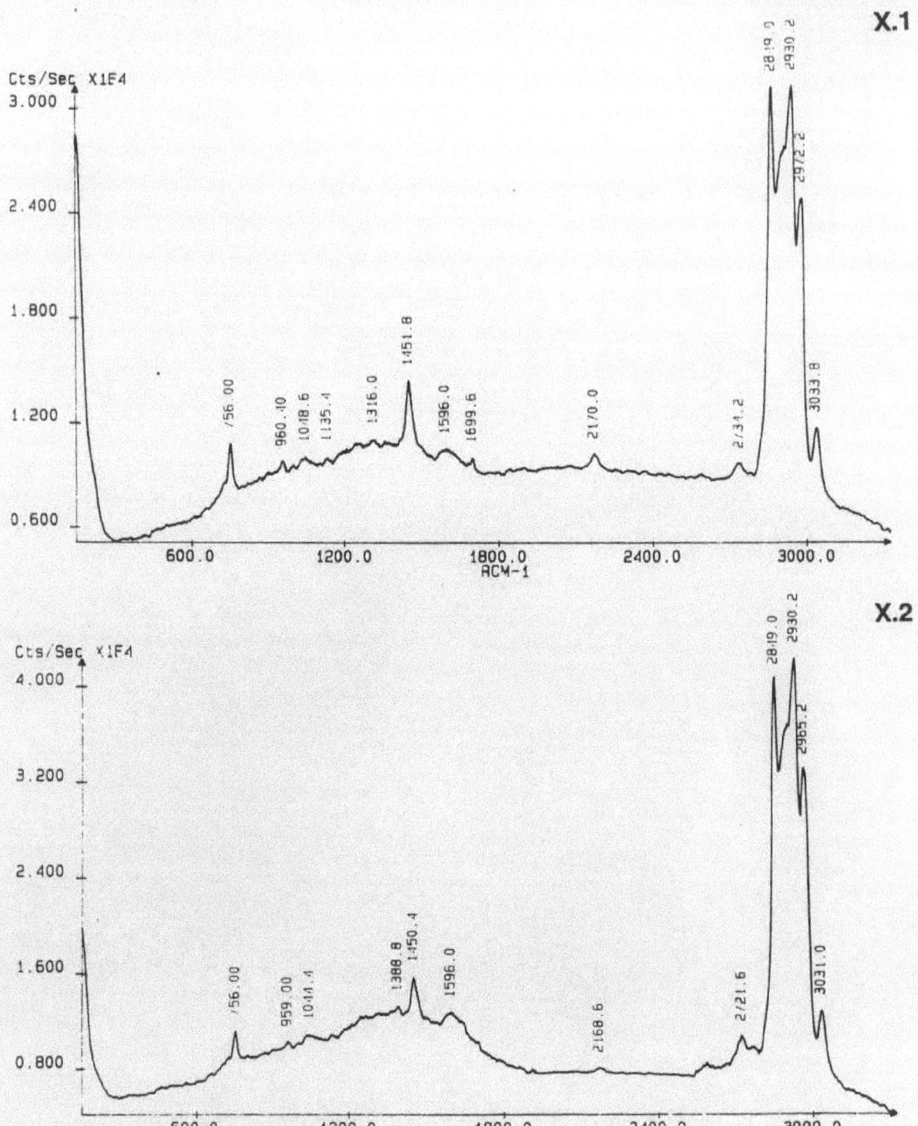

X.1, 2:11-Deuteroundecyltrimethylammoniumbromid
0.1mol/l, KCl: 0.01mol/l
X.4: -100mV; X.5: -300mV

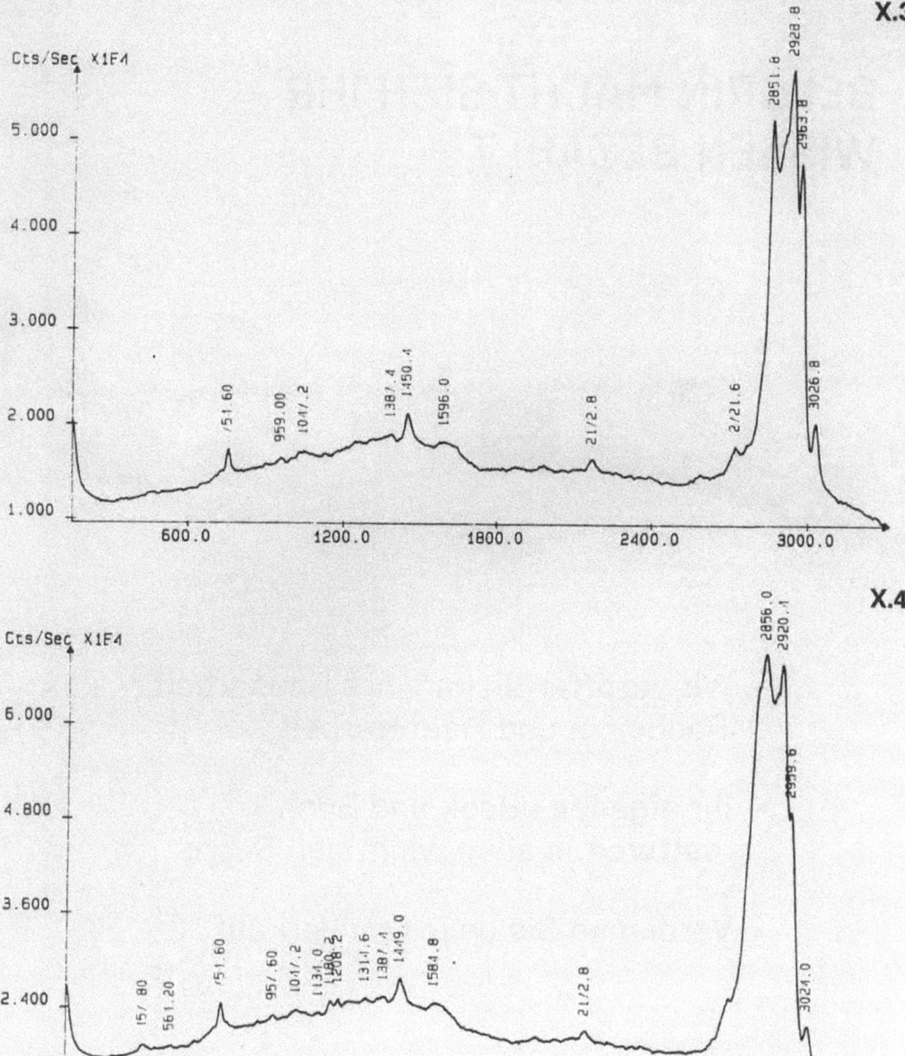

X.3, 4: 11-Deuteroundecyltrimethylammoniumbromid
0.1mol/l, KCl: 0.01mol/l
X.6: -500mV; X.7: -700mV

BEI GRIN MACHT SICH IHR WISSEN BEZAHLT

- Wir veröffentlichen Ihre Hausarbeit,
  Bachelor- und Masterarbeit

- Ihr eigenes eBook und Buch -
  weltweit in allen wichtigen Shops

- Verdienen Sie an jedem Verkauf

Jetzt bei www.GRIN.com hochladen
und kostenlos publizieren